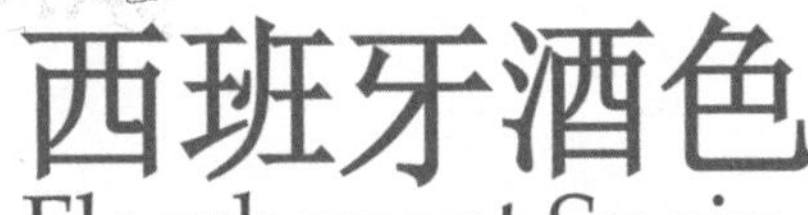

西班牙酒色

Flamboyant Spain

刘沙岚 著

上海文艺出版社
Shanghai Literature & Art Publishing House

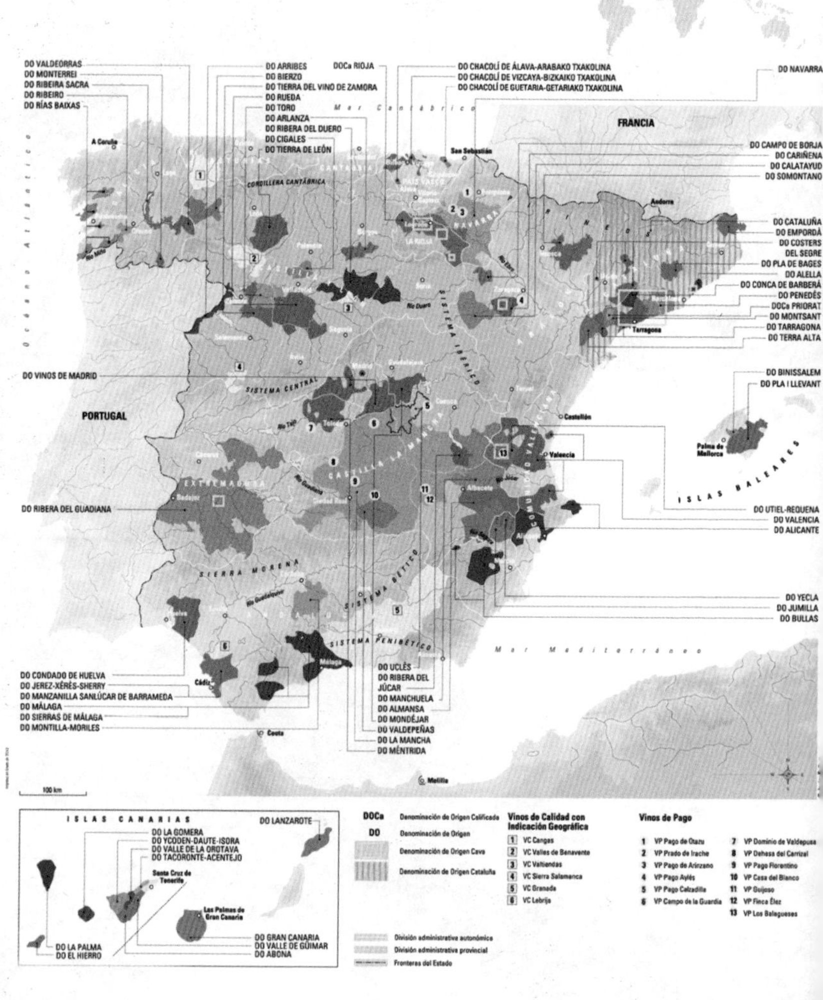

DO VALDEORRAS
DO MONTERREI
DO RIBEIRA SACRA
DO RIBEIRO
DO RÍAS BAIXAS
DO ARRIBES
DO BIERZO
DO TIERRA DEL VINO DE ZAMORA
DO RUEDA
DO TORO
DO ARLANZA
DO RIBERA DEL DUERO
DO CIGALES
DO TIERRA DE LEÓN
DOCa RIOJA
DO CHACOLÍ DE ÁLAVA-ARABAKO TXAKOLINA
DO CHACOLÍ DE VIZCAYA-BIZKAIKO TXAKOLINA
DO CHACOLÍ DE GUETARIA-GETARIAKO TXAKOLINA
DO NAVARRA
Mar Cantábrico
FRANCIA
A Coruña
San Sebastián
Andorra
CORDILLERA CANTÁBRICA
SISTEMA IBÉRICO
SISTEMA CENTRAL
CASTILLA LA MANCHA
EXTREMADURA
SIERRA MORENA
SISTEMA BÉTICO
SISTEMA PENIBÉTICO
Río Duero
Río Tajo
Río Guadiana
Río Guadalquivir
Río Júcar
Río Segura
Río Ebro
Río Miño
DO CAMPO DE BORJA
DO CARIÑENA
DO CALATAYUD
DO SOMONTANO
DO CATALUÑA
DO EMPORDÀ
DO COSTERS DEL SEGRE
DO PLA DE BAGES
DO ALELLA
DO CONCA DE BARBERÁ
DO PENEDÈS
DOCa PRIORAT
DO MONTSANT
DO TARRAGONA
DO TERRA ALTA
Tarragona
DO VINOS DE MADRID
PORTUGAL
Castellón
Valencia
DO BINISSALEM
DO PLA I LLEVANT
Palma de Mallorca
ISLAS BALEARES
DO RIBERA DEL GUADIANA
DO UTIEL-REQUENA
DO VALENCIA
DO ALICANTE
DO YECLA
DO JUMILLA
DO BULLAS
Mar Mediterráneo
Cádiz
Málaga
Ceuta
Melilla
DO CONDADO DE HUELVA
DO JEREZ-XÉRÈS-SHERRY
DO MANZANILLA SANLÚCAR DE BARRAMEDA
DO MÁLAGA
DO SIERRAS DE MÁLAGA
DO MONTILLA-MORILES
DO UCLÉS
DO RIBERA DEL JÚCAR
DO MANCHUELA
DO ALMANSA
DO MONDÉJAR
DO VALDEPEÑAS
DO LA MANCHA
DO MÉNTRIDA
100 km
ISLAS CANARIAS
DO LA GOMERA
DO YCODEN-DAUTE-ISORA
DO VALLE DE LA OROTAVA
DO TACORONTE-ACENTEJO
DO LANZAROTE
Santa Cruz de Tenerife
Las Palmas de Gran Canaria
DO GRAN CANARIA
DO VALLE DE GÜIMAR
DO ABONA
DO LA PALMA
DO EL HIERRO
DOCa Denominación de Origen Calificada
DO Denominación de Origen
Denominación de Origen Cava
Denominación de Origen Cataluña
Vinos de Calidad con Indicación Geográfica
1 VC Cangas
2 VC Valles de Benavente
3 VC Valtiendas
4 VC Sierra Salamanca
5 VC Granada
6 VC Lebrija
Vinos de Pago
1 VP Pago de Otazu
2 VP Prado de Irache
3 VP Pago de Arínzano
4 VP Pago Aylés
5 VP Pago Calzadilla
6 VP Campo de la Guardia
7 VP Dominio de Valdepusa
8 VP Dehesa del Carrizal
9 VP Pago Florentino
10 VP Casa del Blanco
11 VP Guijoso
12 VP Finca Élez
13 VP Los Balagueses
División administrativa autonómica
División administrativa provincial
Fronteras del Estado

序：

从里奥哈到歌葡源

“西班牙可以没有马德里也可以没有巴塞罗那，但不能没有里奥哈……”这是著名作家海明威的名言。

里奥哈是西班牙最著名的葡萄酒产区，是一个传统而古老的地方，一直到1850年之前，里奥哈还是维持着以脚踩汁的传统酿酒方式生产简单易饮的新鲜红葡萄酒。

1850年，一位西班牙侯爵从波尔多购买了大量橡木桶，并引用波尔多的酿酒技术，开始了里奥哈酿酒史上的一次重要的技术革新。但是19世纪50年代的根瘤蚜病几乎让法国葡萄园全军覆没……波尔多的酒商们不得不跨越比利牛斯山来找寻可替代的产区。

他们到里奥哈地区寻找优质的葡萄，同时也将栽种与酿造的技术带到了西班牙，里奥哈与波尔多的渊源就此开始，几乎在一夜之间，里奥哈就能够将其生产的全部葡萄酒出口到法国。

不过，淳朴的里奥哈农民可能并不知道，由于他们并没有在酒桶印上里奥哈的标志，也没有宣传并建立自己的品牌，这些里奥哈酒出口到法国后，法国商人并没有说实话，而是在酒桶上打上了法国的标签，并大肆在葡萄酒短缺的时期低买高卖，那些伦敦、巴黎、柏林及荷兰的买家丝毫不知道，他们杯中的所谓法国酒，其实来自里奥哈。

而这些被买家误以为是法国酒的酒推销商，便来自于一个叫歌葡源的葡萄酒家族。歌葡源家族是西班牙乃至全世界最著名的葡萄酒世家，自1551年以来，家族一直耕耘着葡萄酒事业，迄今已延续至第十八代……在欧洲、在美国，歌荀源家族的葡萄酒早已家喻户晓，尤其是歌荀源家族出品的起泡酒，因其出色的口感、充足的汽泡和超乎寻常的稳定性以及与香槟相同的瓶中发酵的酿制技术，更是被奉为传奇和经典。

歌荀源家族，也就是如今的歌荀源酿酒集团有限公司（GRUPO CODORNIU）拥有四百六十多年的历史和三千五百公顷葡萄园，是西班牙历史最悠久、葡萄园面积最大的葡萄酒公司。公司拥有的酒庄和品牌系列毕尔巴纳斯酒庄（Bodegas Bilbainas）、莱玛酒庄（Raimat）、莱格斯酒庄（Legaris）、天堂阶梯酒庄（Scala dei）、阿根廷“七号酒庄”（Septima）以及歌荀源起泡酒都受到了世界各国消费者的欢迎。

CONTENTS *Wine* 酒

CONTENTS *Color* 色

Wine 酒

里奥哈的酒色迷离

洛格罗尼奥在夜色中沉醉

多罗河畔的莱格斯

毕尔巴纳斯的前世今生

一个人的酒庄

“通往天堂”的斯卡拉·戴尔酒庄

“豪门”莱玛

歌蓟源，1551 年至今的荣耀

Rioja
里奥哈的酒色迷离

1937 年西班牙内战爆发，以战地记者身份奔波于马德里前线的海明威曾经在里奥哈养伤，这期间他写作了大量的关于里奥哈葡萄酒和庄园的文字，其中著名的《里奥哈一月》便是他对里奥哈的赞美：在 9 月一个风和日丽的早晨，我伫立于埃布罗河畔，两岸是宁静却如火焰般热烈的绵延的葡萄园以及广阔而葱郁的田野和朦胧的远山……战争没有破坏这里的静谧，硝烟从马德里飘来了战士们对酒的渴望……西班牙可以没有马德里也可以没有巴塞罗那，但不能没有里奥哈……

里奥哈的酒色。

里奥哈葡萄酒产地位于里奥哈自治区以及相邻的巴斯克地区和纳瓦拉自治区。

里奥哈种植葡萄的历史可追溯到腓尼基人时期。而距今能够找到的最早的历史记载显示里奥哈在 9 世纪即

开始了葡萄的种植。

和许多中世纪地中海地区一样，在里奥哈，修道士是种植葡萄酒的主要力量，也是维护葡萄酒品质的积极倡导者。

纳瓦拉和阿拉贡国王在 1102 年确认了里奥哈葡萄酒的地位。这种来自王室的认证成了里奥哈葡萄酒在 13 世纪出口其他地区的重要保证。同时说明里奥哈地区在很早时候就开始了葡萄酒贸易。

里奥哈种植的改善在 1780 年迎来了一次契机。因为需要延长运输时间，里奥哈的葡萄园开始采用源自波尔多名庄的种植技术。

然而半岛战争的爆发使得一切生产技术的改善步伐戛然而止。1852 年饱受病虫害困扰，尤其是 1870 年代根瘤蚜虫对酒庄种植的破坏导致波尔多商人来到了里奥哈寻找良机。得益于波尔多酒商带来的先进种植技术和工艺，里奥哈的葡萄酒在此后蓬勃发展，许多如今知名的名庄都起源于那个年代。

自 1991 年起，里奥哈获得了官方的认证，使得其成为西班牙境内第一个获 DOC 认证的产区。

著名的西班牙里奥哈产区。

01
RACIONES
PORTIONS
-Chuletillas de cordero
-Sepia troceada
-Albondigas en salsa
-Croquetas de jamón
-Setas a la plancha
-Patatas bravas
TABLAS
TABLE PLATES
-Tabla mixta
-Triple de quesos
Hamburguesas
Burger
Menú infantil
Children menu
ENSALADA
BOCADILLOS
SANDWICHES
-Chistorra con queso
-Tortilla de patata
-Panceta con queso
Y mas ... ver carta

里奥哈的酒吧。

SAN
AFE
TAVERN
Alarma
conectada
Aviso a Policía
CIONES - TABLAS
RUTA DEL VINO
RIOJA·ALAVESA
MIEMBRO ADHERIDO
VINOS
TINTOS
VINO COSECHA
PROPIA
CRIANZAS
ALTA EXPRESION
VINO DULCE
BLANCOS
COSECHERO
FERMENTADO
EN
BARRICA
VERDEJO
RUEDA
ROSADO
CLARETE
Especialidad
en pintxos
Vascos
Calamares
enharinados
Platos
Combinados
Hamburguesas
Bocadillos
recien
Horneados

里奥哈街头。

里奥哈的酒吧与美食。

AVERN
ES-TABLAS
RUTA
VINO
RIOJA·ALAVESA
Alarma
conectada
Especialidad
en pintxos
Vascos
Calamares
enharinados
Platos
Combinados
Hamburguesas
Bocadillos
recien
Horneados
VINOS
VINO COSECHA
PROPIA
CRIANZAS
ALTA EXPRESION
VINO DULCE
COSECHERO
FERMENTADO
EN
BARRICA
VERDEJO
RUEDA
ROSADO
CLARETE

酒巷里的书摊。

一幅关于酒的画。

里奥哈酒巷。

LIBROS
EN
INGLES

采摘中的酒农。

里奥哈古老的酒窖。

奥哈的 间餐厅。

里奥哈葡萄酒产区

里奥哈葡萄酒产区：里奥哈细分为三个产区，分别为上里奥哈、下里奥哈和阿尔瓦里奥。下里奥哈是 DOC 等级酒的东南产区，生产的葡萄酒饱满醇厚，比其他两个产区的葡萄酒酒精度高而酸度低。阿尔瓦里奥位于埃布罗河的西北部，海拔较高，口味和颜色极佳，但通常不够醇厚，不具备足够酒精度和酸度，无法陈酿。上里奥哈是三个产区中最大的一个，位于埃布罗河南部，属于西班牙西部的多山地带，终年是温和的大陆性气候。它所生产的酒风格优雅醇香，水果风味浓厚，酸度适中，适合陈酿。

里奥哈优质原产地品质划分标准：

佳酿酒：酒龄至少两年以上。其中至少一年在橡木桶中窖藏。白葡萄酒的酒桶窖藏期最少是六个月。

陈酿酒：特选最佳年份出品的具有极佳窖藏品质的葡萄酒。窖藏时间至少三年以上，其中至少一年在酒桶中窖藏。白葡萄酒的窖藏期最少是两年，其中至少六个月在酒桶窖藏。

特级陈酿酒：特选极佳年份出品的葡萄酒。经过至少两年在酒桶中的窖藏和三年瓶装窖藏。白葡萄酒窖藏期最少是四年，其中至少六个月在酒桶中窖藏。

里奥哈产区的葡萄品种：里奥哈产区最优秀的红葡萄品种是Tempranillo(丹魄)，种植面积在整个里奥哈地区占百分之三十，尽管它不属于名贵的葡萄品种，但其品质可以和Cabernet Sauvignon(赤霞珠)相媲美。正是得益于丹魄葡萄的优秀品质，才使里奥哈的红葡萄酒颜色深沉，酸度平衡，极具藏酿之质。

Logroño
洛格罗尼奥
在夜色中沉醉

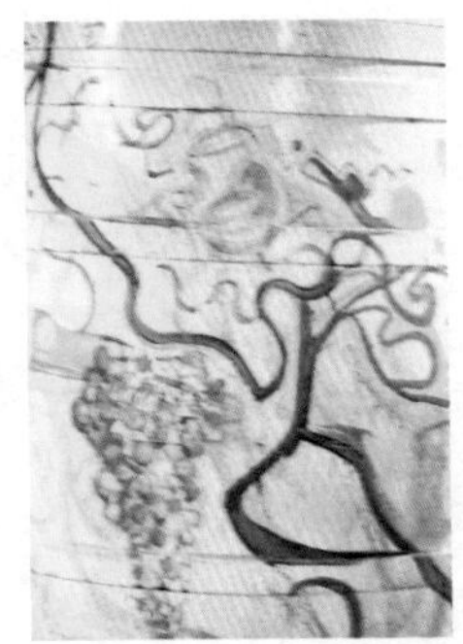

如果说里奥哈是西班牙葡萄酒圣地，那么作为里奥哈首府的洛格罗尼奥，则是这片圣地上的一片“经幡”，因为洛格罗尼奥成就了西班牙葡萄酒文化的世界地位和意义。

在很遥远的罗马时期，如今的洛格罗尼奥这个地方只是一条路而已。塞万提斯曾经在一篇文章中提到洛格罗尼奥，他说这个小镇原先是条路，只不过这条

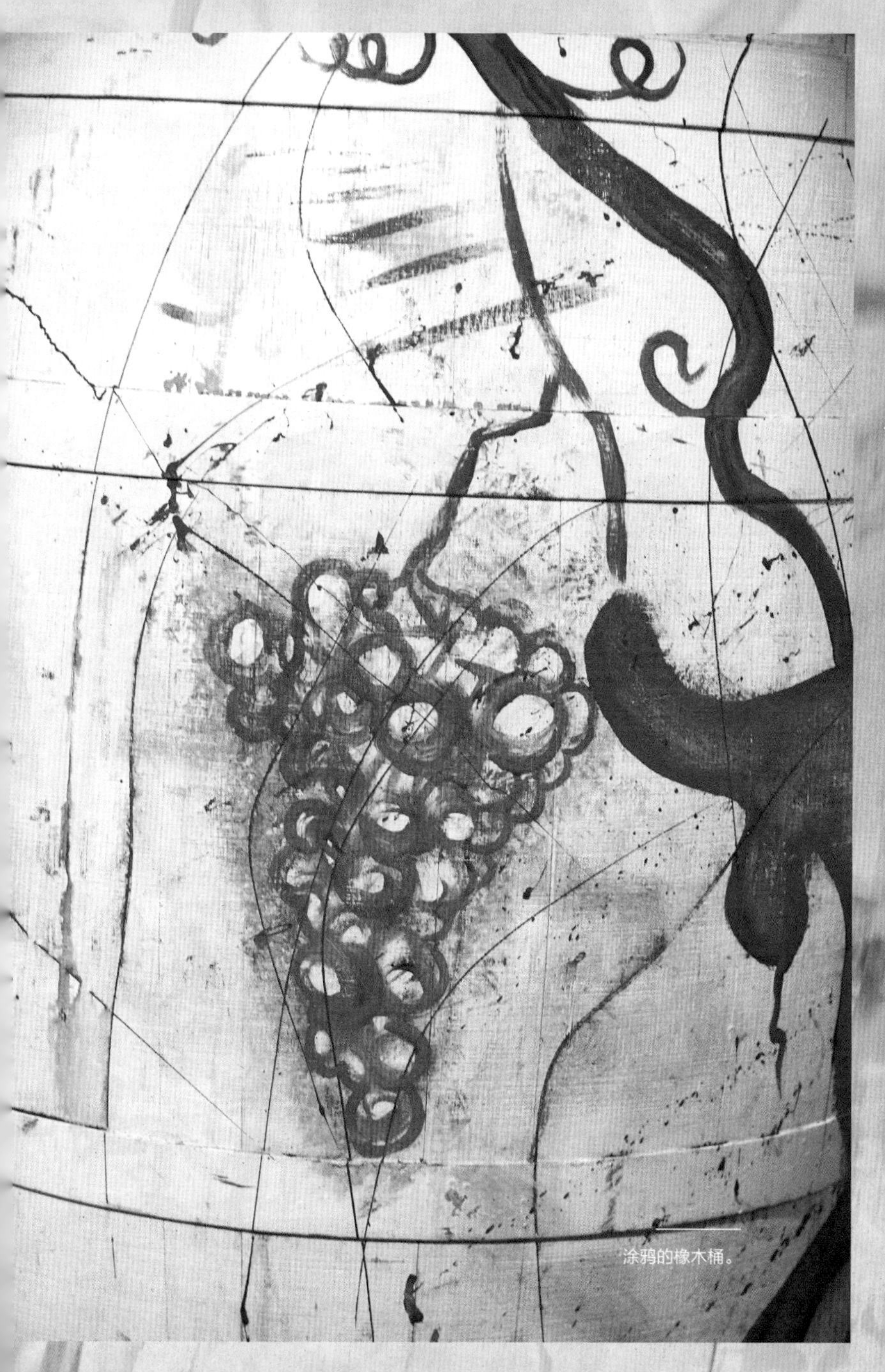

涂鸦的橡木桶。

... Explosión de huevo
con patatas
y fina panceta ...
TRE
MEN
DUS
moroy
tapas y vinos

路在“圣地亚哥朝圣之路”上算是比较宽阔的一条路。后来有去朝圣路过此地的罗马传教士，发现这里的路面比较宽广平整，可以盖些简易的屋棚供旅人休息之用。于是便有修道士留下来开荒种地，渐渐的洛格罗尼奥便成了朝圣之路上的一个驿站。

在众多的朝圣者中，有从南方赶来的酒农，他们怀揣着的葡萄种子，原本是想朝圣用的。但他们路经洛格罗尼奥时，有经验的酒农发现这里的气候和土地非常适合葡萄的种植和生长，于是他们便留下来开拓这里的葡萄园。因为当时的罗马蒂凡尼斯大主教曾经告诫过这些朝圣的酒农，把你们的葡萄种子播种在朝圣之路上吧。

洛格罗尼奥小巷深处。

当年的酒农们不仅把里奥哈和洛格罗尼奥打造成了世界著名的葡萄酒圣地，更是把虔诚和感恩的精神和情怀也一并地传承了下来。今天的洛格罗尼奥已是“圣地亚哥朝圣”这条千年之路上的一个重要的驿站，成千上万的朝圣者依旧跟他们的前辈们一样，千里艰辛跋涉后将好的葡萄品种留在了洛格罗尼奥，同时也把勇敢坚忍的跋涉精神留在了这个葡萄酒的圣地。

在洛格罗尼奥田野间的一个酒厂的门口，斑驳的石墙内凹处，有一个银色金属龙头。和一般取用泉水的设备无异，只是从管道里流出的却不是清澈的泉水，而是芳香甘醇的红酒。龙头上方的一块牌子上，用西班牙语写着：远道而来的

洛格罗尼奥的美食。

JAMÓN
IBÉRICO
BELLOTA
CARRASCO
GUIJUELO
16,50 EUROS 100GR
CARRASCO
Guijuelo

朝圣者们，去往圣地亚哥的路还很长，喝上一口西班牙红酒吧，精神抖擞地继续前进。

这就是洛格罗尼奥朝圣路上的一景，著名的“红酒之泉”，迄今已经有一百年的历史。朝圣者们路过此地都会兴奋地拿出随身携带的水瓶，装好满满一瓶，再继续上路。无数个日夜，人们走在葡萄的乡间，走在漫长艰辛的洛格罗尼奥朝圣路上，用随身携带的水壶装满红酒，喝上一口就仿佛沉浸在遥远的历史中……

1910年秋天，一个叫查尔斯的来自西班牙塞维利亚的朝圣者后裔将自家的酒倒进一个大的酒壶，然后将酒壶放在橡木桶上供行人品尝。这一举动，终于让洛格罗尼奥的夜晚充满了迷人的色彩。因为自那以后，洛格罗尼奥的这条名叫 Calle Laurel 的街区便开始渐渐地享誉世界了。

洛格罗尼奥的巷子。

不大的街区或者说几乎就是小巷，却簇拥着近百家小酒馆。有趣的是这些小酒馆每家都在卖酒的同时，还在卖一种名叫 Pinchos 的西班牙传统食品。Pinchos 在西班牙语中意为牙签，每一种食材都是用牙签串起。比如工艺最简单但我却认为是最好吃的黄油蘑菇，便是将鲜蘑菇在黄油中焗片刻，待蘑菇清香后再用牙签串起，每串黄油蘑菇有五个，中间还夹两片西班牙熏肉，

西班牙美食。

葡萄酒杯。

2013 年秋天的夜晚，秋风沉醉，我在洛格罗尼奥的 Calle Laurel 街区闲逛，从晚间九点闲逛到凌晨三点，串了差不多二十多家小酒馆，品尝了几十种 Pinchos，风格特异的 Pinchos 配着美到醉人的卡瓦，我几乎流连忘返。尤其是看到每家酒馆门口摆放着的橡木桶，我感觉这简直就是艺术品。每一个橡木桶上都画上了跟葡萄酒和葡萄有关的图案……

洛格罗尼奥

里奥哈首府，位于埃布罗河南岸。人口连郊区十一点三万（1982）。中世纪时因位于从东方到圣地亚哥朝圣地中途，因此商业非常发达。洛格罗尼奥分旧区及新区。有古城墙、艺术博物馆。农产品及葡萄酒贸易集散地。洛格罗尼奥夜市非常著名，西班牙传统食品 Pinchos 让这个夜市享誉欧洲。

莱格斯的酒。

Legaris
多罗河畔的莱格斯

品尝了著名的坎迪多烤猪肉后，下午从塞戈维亚老城出发，开始了真正的西班牙葡萄酒之旅……

在从塞戈维亚向南行驶了差不多一个小时后，我的导游兼司机多米尼克先生让我快看窗外……他说，这里就是西班牙美丽的葡萄园。

透过车窗，映入我眼睛和镜头的是夕阳下一片片金色的葡萄园……透过五彩斑澜的葡萄叶子，远方是粼粼的波光……我知道，这就是美丽的多罗河。瞬间我便有一种做梦的感觉，因为无数次我真的在梦里见到过多罗河，见到过多罗河畔的葡萄园。

多年前我在法国南部的罗纳河畔采访拍摄葡萄园，一位酒农告诉我，但凡在河边种植葡萄，这葡萄一定丰美，而用这种葡萄酿出的酒一定是好酒。当时他说他最爱的葡萄酒产地是法国的罗纳河畔和西班牙的多罗河畔。他甚至说他更喜欢多罗河畔的葡萄园以及用那里的葡萄酿出的酒，因为多罗河畔种植葡萄的历史是迄今最久远的，而当年罗马人撒落的第一粒葡萄种子，便是在多罗河畔。这位酒农甚至断言，葡萄酒的历史便起源于多罗河畔……

酒农说的一点都不错，葡萄酒在欧洲的发展便源自于罗马人发明的葡萄树的河畔种植技术。随着希腊文化的衰退，罗马人开始在欧洲扩张，首当其冲的便是葡萄的种植和葡萄酒贸易及文化。聪明的罗马人用手稿记录葡萄栽培和葡萄酒酿造，了解土壤、坡度和葡萄

莱格斯的葡萄。

莱格斯酒庄。

LEGARIS

园方位的重要性，并发展了欧洲的葡萄酒贸易。随着罗马帝国的扩张，欧洲葡萄园得到了广泛拓展，尤其是在有河流的地方，罗马人建立了许多葡萄种植园，因为在柏油马路出现之前，河流是最主要的交通路线……而多罗河畔则被公认为欧洲最早建立起来的葡萄种植区域，这个区域包括今天的葡萄牙和西班牙……

我就是这样喜爱并开始向往多罗河的……

我们的车沿着河畔行驶，一眼望去车窗外全是金色的葡萄叶子。我想起多年前在法国的勃艮第著名的“金色之秋”，那是一条修在葡萄园里的铁路，秋天丰收季节，酒农们乘着火车采摘葡萄，因为秋天的葡萄园是金色的，所以这条起源于一百年前的铁路便被誉为“金色之秋”。

莱格斯酒庄的酒。

US
MT+
TH
1806
SAME

莱格斯酒庄酒窖。

莱格斯酒庄的现代化设计。

而2013年秋天的这个午后，我们驱车行驶在多罗河畔的葡萄园，一样的午后一样的金色，让我情不自禁地想起了美丽的“金色之秋”……

酒农们在采摘，见了我们的车便纷纷露出可爱的笑容。这些可爱的酒农大多是当年罗马人的后代，他们的祖先当年一路征战来到多罗河畔，美丽的风景和肥沃的土地一下子吸引了这一大批农民出身的士兵，他们连年征战身心疲惫，遇见如此美丽的地方再也无心恋战，于是纷纷解甲归田，士兵成了酒农，拿枪使刀的手种起了葡萄酿起了酒……几百年后的今天，从葡萄树下向我露出灿烂笑容的这些酒农让我仿佛看到了他们一路征战的祖先。这就是多罗河的神奇……

我们的车子继续在葡萄园里行驶，不一会儿眼前便出现了一栋建筑。这是一栋现代和古典相结合的建筑，充满韵味，

LEGARIS
RIBERA DEL DUERO
LEGARIS
LEGARIS
CRIANZA
RIBERA DEL DUERO
LEGARIS
RESERVA
RIBERA DEL DUERO

又带着极简主义的风格，伫立于多罗河畔的葡萄园中，就仿佛是一段历史，在向人们讲述着这片土地的前世今生……

这里就是多罗河畔著名的莱格斯（Legaris）酒庄，周围的葡萄园全都属于这家著名的酒庄。

莱格斯酒庄的历史并不长，甚至十分的年轻。酒庄创立于2003年，创作理念缘于古典与现代相结合，这栋建筑以空间设计见长，以立体抽象为主基调，每一层的立面都是一片通透的巨幅玻璃窗，让人们的视觉可以直接地抵达多罗河畔……

莱格斯酒庄试酒室。

建筑风格奠定了莱格斯酒庄的酿酒风格，酒庄采用全部手工采摘酿造工艺，所酿的每一款酒都是集中体现了现代风格的精品葡萄酒，也是西班牙葡萄酒发展历史上所出现的最激动人心的酒之一，更是多罗河畔最具代表性的葡萄酒。

莱格斯酒庄的酿酒师 Jorge Bombin 先生。

莱格斯酒庄自2003年创立以来，始终坚持高端品格。多罗河畔气候条件极其复杂，给莱格斯酒庄著名的酿酒师Jorge Bombin先生带来了许多挑战，但他却坚持严格的筛选条件，只选用每年最优质的葡萄果实酿酒。同时他还针对不同年份的差异，不断调整酿造方式，十分谨慎地选用橡木桶，加强了葡萄酒的果香味。

Jorge Bombin善于用古老的葡萄品种比如丹魄来酿制口感最具现代化的酒——莱格斯珍藏，这款酒颜色深沉，结构极佳，且充满了黑色水果如樱桃和香草等烘烤的气息。“莱格斯珍藏”不仅成为了多罗河畔最高级别的葡萄酒，更是让莱格斯酒庄在国际上享有了盛誉。

戴着眼镜的Jorge是那样的充满了朝气，言语间充满了自信和自豪。在试酒室内，昏黄的灯光下，几瓶开启着的酒溢着浓浓的芬芳，那一阵阵的酒香润口润心。

Jorge 就出生在多罗河畔，因为爷爷曾经拥有过一小片葡萄园，所以 Jorge 从童年时便亲近着葡萄园和葡萄酒。他说从童年至今他没有离开过多罗河畔，跟别的酿酒师不同的是，他几乎没有国际化的经验，几十年来从念书到工作都没有离开过多罗河畔的这个村庄。但是尽管如此，他却能酿出享誉世界的酒。

三十五岁的 Jorge 喜欢运动，除了每天跑步，他还喜欢蹬自行车。当然他最爱的是葡萄园，每逢采摘季节他一定从早到晚全都待在葡萄园里，即使大冬天，他也喜欢有事没事往葡萄园跑，他说这就是一个喜欢乡村的人的感受。其实这才是 Jorge 能酿出好酒的原因，倾心于这片美丽的葡萄园……

莱格斯的酒。

莱格斯酒庄的葡萄园。

LEGARIS
LEGARIS
LEGARIS
LEGARIS

莱格斯酒庄

它的历史并不长，甚至十分的年轻。酒庄创立于 2003 年，创作理念缘于古典与现代相结合，这栋建筑以空间设计见长，以立体抽象为主基调，每一层的立面都是一片通透的巨幅玻璃窗，让人们的视觉可以直接地抵达多罗河畔……建筑风格奠定了莱格斯酒庄的酿酒风格，酒庄采用全部手工采摘酿造工艺，所酿的每一款酒都是集中体现了现代风格的精品葡萄酒，也是西班牙葡萄酒发展历史上所出现的最激动人心的酒之一，更是多罗河畔最具代表性的葡萄酒。

毕尔巴纳斯葡萄园

Bodegas Bilbaínas
毕尔巴纳斯的前世今生

哈罗，位于里奥哈的一个著名的葡萄酒小镇。在遥远的14世纪，这里就有人开始种植葡萄并且经营葡萄酒。世界粮农组织在2012年曾经公布过世界著名的葡萄酒古村落名单，在这份名单中，哈罗小镇位于世界最古老的葡萄酒村落第三名，排在前两位的是法国勃艮第的博纳小镇和法国香槟区的埃佩尔纳小镇。

让哈罗闻名于世的自然是这里的酒，伟大的罗伯特·帕克说，哈罗小镇生产的酒是整个西班牙最令人激动的……而之所以令人激动的原因以及让世人意识到它的重要性，人们把它归功于一位法国人。

1852年，波尔多的葡萄园遭受了霉菌的侵害，几乎摧毁了该地区所有的葡萄种植。为了满足当地需求，法国许多重要的酒庄派出买手前往西

毕尔巴纳斯酒庄。

墙上的酒图

班牙各个地区采购优质葡萄酒。就是在这样的历史背景下，法国生产商Savignon Fr è res et Cie来到了哈罗地区，购置土地，开始种植葡萄，向法国出口红酒。

Savignon选择的酒庄位置靠近哈罗镇的火车站，因为在当时火车站连接了哈罗村和洛格罗尼奥，后者是上里奥哈地区最大的城市。随着生产的提高，酒庄在火车站还设立了一个专属的位置来装卸货物。很多后来的法国酒商采取了和Savignon一样的做法，围绕着火车站发展出了许多大大小小的葡萄园。在随后的十几年里，Savignon和他的酒庄专注在酿造出高品质的红葡萄酒以出口法国，直至波尔多的酒庄开始恢复生产。1867年，根瘤蚜虫病席卷法国的葡萄园。于是法国的酒商在里奥哈一直停留至19世

1901 年的毕尔巴纳斯。

纪末。这些法国酒商为上里奥哈地区带来的不仅仅是毕尔巴纳斯酒庄以及它所生产的葡萄酒，也包括数量不多的使用传统香槟酿制法生产的高品质起泡酒。

1901 年法国人回到法国，将哈罗的酒厂卖给了几位来自西班牙毕尔巴鄂的商人，这些商人还将哈罗附近的另外几公顷葡萄园一同购入，成立组建起了毕尔巴纳斯酒庄。不久，毕尔巴纳斯酒庄便开始在西班牙名声大震，因为毕尔巴纳斯酒庄的一款名为 Ederra 的佳酿级葡萄酒被选为西班牙国王阿方索十三世的日常餐酒。1925 年，阿方索十三世正式签署文件，授予毕尔巴纳斯酒庄“王室供应商”的美誉。

梅宝·奥约诺（Mabel Oyono）是毕尔巴纳斯酒庄的公关经理，得知我要来造访，便早早地等在了庄园门口。

BILBAO
LUMEN
VIÑA POMAL
EDERRA
EMBOTELLADO EN LA PROPIEDAD
2009
RIOJA
CRIANZA

我在车上远远的便看见一袭红衣在阳光下熠熠生辉，那是梅宝·奥约诺在等候……如所有西班牙人一样，第一次见梅宝·奥约诺，便感觉到了她的热烈和奔放。

我下了车，原以为她会引我进她的办公室，没想到她竟让我上了她的车。原来她是载我去葡萄园，她说她喜欢在葡萄园里与人聊天。

毕尔巴纳斯
酒庄古老的葡萄压榨机。

著名的毕尔巴纳斯酒庄的
葡萄酒。

毕尔巴纳斯酒庄的葡萄园盘桓在山脉间，远远望去起伏如麦浪。与其说车在山间蜿蜒不如说车行驶在葡萄树林间。半个小时后我们停在一个山坡上，四周围全是葡萄园。奥约诺告诉我，这里便是最早的一块葡萄园，当年法国人就是在这片土地上开始垦作并收获了成功。而当年法国人能将酒庄卖给毕尔巴鄂的那几位商人，主要功劳也得益于这片土地，因为这片风水宝地，毕尔巴鄂的商人们看到了它的未来。所以奥约诺说，此刻我们站立在毕尔巴纳斯酒庄当年发迹并走向辉煌的地方。

葡萄园里有一栋老的建筑，不大但很有画面感，尤其是掩映在茂盛的葡萄树间，充满着历史的苍凉……一位老人面露慈祥站立在门口，手上端着几杯酒。

奥约诺跟我介绍，老人便是当年毕尔巴鄂商人的后代。而这栋老建筑则是毕尔巴纳斯酒庄最早的一栋建筑，当年的毕尔巴鄂商人便是在这里开始酿酒的。

我有幸在如此充满历史感的土地和建筑里游历并用午餐，在这片满是历史的土地上，老人用葡萄藤烤羊排给我品尝。奥约诺说，葡萄藤烤羊排是毕尔巴鄂人的传统，如今只有贵客

毕尔巴纳斯著名的酒窖和酿酒师 Diego Pinilla 先生。

到来，老人才会亲自烤肉递酒……

我第一次品尝到了毕尔巴纳斯酒庄最经典的加酷红葡萄酒，而且是在这片充满了历史的土地上，那酒的韵味将用古法烤制的葡萄羊排的鲜美提练得淋漓尽致。

一顿独特的午餐，让我感受到了奥约诺是个十分职业的公关人，早先她在圣巴斯蒂安的一间米其林餐厅当了十二年的公关经理。由于她的职业和敬业，这间餐厅从一星到三星，十二年来几乎天天人满为患……

而今天，奥约诺用同样的热情和投入以及敬业开始了她对毕尔巴纳斯酒庄的忠诚和使命。她说这种忠诚和使命便是要让更多的人知道这家著名的酒庄，让更多的人喜欢毕尔巴纳斯酒庄的酒和这个酒庄的悠久和丰富的历史文化。

毕尔巴纳斯酒庄的葡萄酒。

毕尔巴纳斯试酒室。

VICALANDA
GRAN RESERVA
VINIFICACIÓN
TIPO DE BARRICA
CRIANZA EN BARRICA
CRIANZA EN BOTELLA
BODEGAS BILBAINAS
HARO · ESPAÑA

在毕尔巴纳斯酒庄，我还与著名的酿酒师迪戈·皮黎纳 (Diego Pinilla) 一起度过了一个美好的夜晚。

与莱格斯酒庄年轻和朝气的 Jorge 相比较，迪戈·皮黎纳是典型的科班出身。迪戈是科学工程师，在马德里大学毕业后又前往法国著名的蒙彼利尔学院学习酿酒。迪戈说，法国的求学经历改变了他的一生，因为从法国学习结束后，他的心已是属于全世界的了。他希望去体验每一个国家的葡萄酒文化，他说旅行并品尝葡萄酒，会是他一辈子的追求。

那是秋天，迷人的葡萄采摘季节，迪戈几乎天不亮就来到葡萄园，他喜欢亲近那葡萄上晶莹的露水和清新的气息。后来他发现法国酒农特别喜欢在早晨采摘葡萄，原来这一传统源自于遥远的传教士们。在法国有一个特

酒镇哈罗。

哈罗的酒窖。

La Catedral de los VINOS
OFERTA
OFERTA
OFERTA
HAY
AGUA
FRIA
27,00

SOCIEDAD
BODEGAS 1901 BILBAINAS

别的现象，只要有葡萄园的地方，就一定有葡萄酒，甚至传教士们做祷告也是在葡萄园里进行的。相传在某一个秋天的清晨，传教士们在作祷告时发现清晨的葡萄特别的紧实，于是便特意采摘带露水的葡萄进行陈酿，结果酿出的酒非常纯美充满清新……

迪戈说，清晨采摘如今已是毕尔巴纳斯酒庄的“绝活”，而且迪戈将这一“工艺”改良成了“西班牙采摘”。所谓改良就是提前至凌晨三点开始采摘，这样可以充分保证采摘到更多更丰沛的露水葡萄。今天，在著名酿酒师迪戈的引领下，毕尔巴纳斯的许多经典款酒如Vina Pomal佳酿、陈酿和陈酿珍藏都是清晨采摘用露水葡萄酿制的。

迪戈游历了世界上许多国家。他说葡萄酒是有生命的，它与美食美景

夜色中的毕尔巴纳斯酒庄。

毕尔巴纳斯酒标。

CAMINO
DE
SANTIAGO
SE HACE POR
ETAPAS

和美人有关。他笑称自己懂美食爱美景也是“美人”，所以他酿的酒，不可能不好。

迪戈不仅仅是酿酒师，他赋予葡萄酒的情怀让人感觉他似乎更像一个艺术家和文化人。

在毕尔巴纳斯酒庄，白天迪戈带我参观古老的酒窖和美丽的葡萄园，告诉我他的葡萄酒故事。而夜晚，迪戈则亲自带我逛著名的洛格罗尼奥夜市，因为整个夜市上，有迪戈酿的许多好酒，迪戈要让我尝个够。

哈罗小镇。

洛格罗尼奥是里奥哈的首府，更是闻名世界的葡萄酒城。小城二十多万人，几乎每户人家都有葡萄园都有酿酒师。洛格罗尼奥夜市便是由这些居民们摆摊设点而形成的，一张桌子上放点酒，再聚上几把椅子便是个摊，甚至于弄个橡木桶，上面摆放些下酒菜，也能算个点。当然夜市里最热闹的还数那些灯火辉煌的门面，那些门面房似乎更大一点所以人也更多。不过这一切对迪戈来说都一样，因为最终令他兴奋和自豪的是，这里夜市的几乎每一个门面每一户摊贩都在卖毕尔巴纳斯酒庄的酒，也就是都在卖迪戈酿的酒……

在洛格罗尼奥的夜色下，迪戈陪着我在一家家门店吃喝着……为了能让我尽可能多的品尝不同的美食和美酒，我们每去一个地方，迪戈只为我点一份美食和一小杯美酒，他说只要我有胃口，能在洛格罗尼奥夜市里品尝到西班牙最经典的美食和毕尔巴纳斯酒庄里最好的酒……

秋风习习，洛格罗尼奥夜市里的一只橡木桶让迪戈驻足良久……这只橡木桶就是一个摊位，橡木桶上摆着

哈罗景色。

通往洛格罗尼奥的路。

Pub
Joker
Coca-Cola

VIÑA POMAL
VENDIMIA 2008

著名的毕尔巴纳斯酒庄的葡萄酒。

品酒。

美味的小食和酒，原来迪戈发现橡木桶上摆放着他最喜欢的一款酒——维纳泊漠陈酿红葡萄酒。小食是烤串蘑菇，这是洛格罗尼奥最典型最有风味的美味，就着美味，喝着木桶陈酿，虽然一路都在品尝，但这串蘑菇和陈酿依旧深深吸引了我，让我欲罢不能，欲罢不能在这秋风沉醉的夜晚，在这令人难忘的微醺中……

迪戈告诉我，他有两个孩子，妻子是护士，平时喜欢登山和滑雪，但最爱的是葡萄酒。在他心中，他酿的葡萄酒跟他的孩子一样重要，因为这也是他的孩子……

哈罗

位于里奥哈的一个著名的葡萄酒小镇。在遥远的14世纪，这里就有人开始种植葡萄并且经营葡萄酒。世界粮农组织在2012年曾经公布过世界著名的葡萄酒古村落名单，在这份名单中，哈罗小镇位于世界最古老的葡萄酒村落第三名，排在前两位的是法国勃艮第的博纳小镇和法国香槟区的埃佩尔纳小镇。

毕尔巴纳斯酒庄

这是里奥哈历史最悠久的葡萄酒庄，对于继承和发扬里奥哈葡萄酒起着举足轻重的作用。毕尔巴纳斯酒庄拥有上里奥哈地区最大的葡萄园，占地二百五十公顷。葡萄园中既有传统的“En Vaso”灌木藤，也有部分二十多年的老藤，由酒庄精心设计的格子架来支撑。

Abadía de Poblet
一个人的酒庄

修道院酒庄的酒。

位于著名的修道院旁的修道院酒庄（Abadia de Poblet），是我迄今见过的最迷你的一个酒庄，迷你到简直可以称之为一个人的酒庄。

酿酒师有一张童话般的脸，生动而有趣。走在路上你甚至会把他当个大男孩或者某个剧院的喜剧演员，但你绝对不会把他与葡萄酒联系起来，更不会想到他几乎靠一个人的力量在经营着一个酒庄。他就是Josep Maria Gil，修道院酒庄的酿酒师。因为Josep Maria Gil，修道院酒庄又被称之为一个人的酒庄。

Josep Maria Gil是在巴塞罗那大学学的生物和酿酒，然后一个人跑到法国的波尔多的好几个酒庄去实习……因为在法国实习期间，便能酿出让许多法国人都惊叹不已的好酒而吸引了歌蓟源公司的注意，2006年Josep Maria Gil正式加盟歌蓟源公司。一开始，公司准备委

修道院酒庄。

派他去里奥哈的一家规模很大的酒庄担任酿酒师，但 Josep Maria Gil 提出要来这家公司最小的酒庄创业。

Josep Maria Gil 告诉我，他之所以要来修道院酒庄，是因为在这个酒庄边上有个修道院。在欧洲的历史上，但凡有修道院的地方就一定有葡萄园，这既是历史的传承也是一种文化的象征。而他恰恰喜欢这样的文化。

修道院酒庄共三百公顷的葡萄园，可称之为迷你葡萄园。Josep Maria Gil 为修道院酒庄每年生产五种酒，它们是混酿红葡萄酒、霞多丽白葡萄酒、美乐桃红葡萄酒和两款黑皮诺。

修道院酒庄是名副其实的迷你酒庄，单看产量你便能知其迷你程度。

混酿红葡萄酒年产一万支。

霞多丽白葡萄酒年产一万二千支。

百分百黑皮诺年产一万八千支。

美乐桃红葡萄酒年产五百支。

迷你酒庄的产量以及Josep Maria Gil的敬业精神和高超的酿酒技术保证了修道院酒庄的品质和知名度，而那座千年的修道院则赋予了这个酒庄浓厚的历史印记。

修道院酒庄建设于2000年，但它的历史却不仅限于此。那三百多亩葡萄园非常有年头，它与边上的修道院几乎是一个年代的产物，拥有一样悠久的历史。一千年前的罗马人修建了这个修道院，与此同时修道士们便开始了在周围开垦葡萄园，他们牢牢记住了本教会的教义，哪里有修道院哪里就应该有葡萄园……从此，修道院历经千年风云，修士们亦沧桑数代，生活始终与他们的信念一致，种植采摘和酿酒，今天依然。

修道院里有二十多个修道士，他们平时除了祷告之外，在葡萄园里劳作也

修道院酒庄的葡萄园。

是他们的日常生活。今天他们虽然不用再像他们的祖先那样每天在葡萄园里辛勤耕作，但葡萄园文化依旧根植于他们的文化和生存中。每年他们能从修道院酒庄获得一百二十瓶酒。

Josep Maria Gil 说就是这种文化，吸引他到了这里。

Josep Maria Gil 的生活充满韵味，每天他都会去葡萄园转悠一个小时，无论春夏秋冬或刮风下雨，葡萄园是他最难以割舍的地方。在 Josep Maria Gil 眼中和心中，每一棵葡萄树每一粒葡萄甚至每一片葡萄叶子，都如修道院里的圣经一样神圣。他说，站在葡萄园能望见修道院，而在修道院亦能看到葡萄园，这种天地合一而相同的神韵和意境，足以让这里的一切熠熠生辉……

酒庄的修道士。

修道院。

酿酒师 Josep Maria Gil 先生。

酒庄一角。

修道士。

秋日的葡萄园景色

修道院酒庄

修道院酒庄：建于2000年，但是它的历史却远不仅于此。三百多亩的葡萄种植园的历史可追溯到一千年前。当时罗马人在当地修建修道院，而修道士们则开垦土地，栽培葡萄。这些修道士坚信一个信条：哪里有修道院哪里就有葡萄园。从那至今，修道士们一直坚持种植葡萄和酿造葡萄酒，一代人接着一代人。这种传统到现在依然完好存在。

Cellers Scala Dei “通往天堂”的斯卡拉·戴尔酒庄

2013年10月1日上午，斯卡拉·戴尔酒庄（Scala Dei）著名的酿酒师理查德·罗费斯 (Ricard Rofes) 带着我在加泰罗尼亚的山峦间行驶，起伏的山路如河流在踊动，而漫山遍野的葡萄田则如画一般美丽。尤其是金色的葡萄园如一片片色彩，高低不一起伏不定地涂抹在山间，使得阳光下的加泰罗尼亚山谷，如一幅巨大的绘画，肆意而张狂地涂抹在天边……

这是我迄今见到的最美丽并且美得最让人难以想象的葡萄园，每一片葡萄园仿佛都悬挂在云端和山间。而更令人惊奇的是这些遥远的仿佛在天边的葡萄园，竟然在不经意间都来到了我的面前。我置身于其间，一串串葡萄闪烁着光芒，那是天的恩典；一片片葡萄叶红得如火，那是人的激情；一株株葡萄树茁壮成长，如青春洋溢，

斯卡拉·戴尔酒庄的标识。

CELLERS DE SCALA DEI

那是大地的依恋。

这就是斯卡拉·戴尔酒庄的葡萄园，根植并盘桓于山峦间。而正因为如此，斯卡拉·戴尔酒庄的酒充满了山野的风味，那种粗犷的口感让人肃然让人敬畏亦让人狂野……

斯卡拉·戴尔酒庄还有一个名称，叫做“通往天堂的阶梯”。据传说，1194年，一群卡尔特教团的修道士来到如今位于加泰罗尼亚的普里奥拉特地区。他们打算在此建设伊比利亚半岛的第一座卡尔特修道院。当他们外出寻找最合适的地点时，他们遇到一个牧羊人。这个牧羊人说，他经常看到一群天使从一个架在松树旁边的梯子爬上至天堂。修道士们认为这是一个征兆。因此决定在这个地方修建修道院。而这个修道院的名字便是Scala dei，在拉丁语中，是天堂阶梯的意思。

葡萄叶。

酒庄古老的城墙。

历史悠久的庄园。

斯卡拉·戴尔酒庄是迄今为止全西班牙乃至整个欧洲极其少见的依旧还在用手工作业的酒庄。今天，斯卡拉·戴尔酒庄已经成为加泰罗尼亚地区的葡萄酒的引领者和倡导者。

1954 年，普里奥拉特，即斯卡拉戴尔酒庄所在的产区，被授予了 D.O.C. 产区的资格。但是直到上世纪 80 年代，随着著名酿酒师 Rene Barbier 的出现以及其他杰出的酿酒师的加入，普里奥拉特产区才逐渐地有了名气。尽管气候条件严峻，地质条件多斜坡，如今的普里奥拉特再次上升为 D.O.C. 产区，而这里的酒是西班牙人最为推崇的葡萄酒产品之一。

斯卡拉·戴尔酒庄在今天依然坚持手工采摘葡萄，并且已成为了加泰罗尼亚地区的领导酒庄。

斯卡拉·戴尔酒庄最大的特点

之一是它的板岩质土壤，当地称为licorella。这种土壤可以帮助吸收和保持水分，而以这里的葡萄酿造出的葡萄酒有着一种令人难以拒绝的原生态个性。这里的葡萄园产量较低，葡萄藤年龄较老，产出的葡萄酒多使用歌海娜和佳丽酿。

1954年，斯卡拉·戴尔酒庄所在普里奥拉特产区被认定为法定D.O.C.产区。然而直到上世纪80年代，普里奥拉特的葡萄酒才重新走入大众的眼帘。这主要得益于酿酒师Rene Barbier的出现以及其他几位优秀的酿酒师的努力。普里奥拉特地区气候条件苛刻，许多陡坡坡度高达60%，出产的酒在西班牙备受人们的青睐。

收获的葡萄。

酒庄酿酒师理查德·罗费斯先生。

酒庄的酿酒师理查德·罗费斯带我走进酒窖，直接从橡木桶中吸取酒

液供我品尝。理查德说，这款经典的酒真实地反映了斯卡拉·戴尔酒庄所处地貌的风土条件——岩石的土壤、极端的气候以及古老的葡萄植株。

理查德告诉我，斯卡拉·戴尔酒庄共有九十公顷 Scala Dei 葡萄园，它分布广泛，延伸到酒庄所处的四十多个独立的区域，种植了四种不同的葡萄品种，它们分别是歌海娜、佳丽酿、赤霞珠和席拉。

采摘的酒农。

Scala Dei 之所以在世界级葡萄酒大赛中屡屡获奖，理查德认为主要原因除了葡萄品种优良土壤质地特别之外，还在于酒的酿制技术独具一格，并且全部由酿酒技术纯熟的工人手工完成，而这种酿制技术如今在全世界的酿酒业中已极其少见。

理查德带我来到一个酿酒车间，工人们正在作业。理查德介绍说，工人们必须手工对每串葡萄进行严格筛选，以萃取出芳香浓郁、单宁细致和深紫红色的浓缩酒液……随后使用陈年的大小不同的木桶发酵，这是因为必须根据产自不同葡萄园的葡萄果实选择酵桶的容量，从而增加葡萄酒的复杂性，更好地表现出葡萄的风味和特色。经过陈年桶发酵后，还必须将酒液放进新橡木桶中陈酿，给葡萄酒增添新的风味。

酒庄的餐厅。

理查德请我吃饭，餐桌上自然少不了 Scala Dei，这是一款歌海娜，据说是西班牙火腿肉的绝配。没等我开口问，一盘红似火般的西班牙火腿片已切好上桌，那簿如纸般的火腿片晶莹剔透熠熠生辉，真的就如火苗在闪烁，理查德倒好酒递我，让我品尝，而我却不忍下口。因为此刻呈现在我眼前的是一幅画，我感觉它是那样的

著名的斯卡拉·戴尔酒庄的酒。

美丽动人。

理查德笑着说，你若品尝便更加美丽，如配着 Scala Dei 那就更动人。于是听理查德的话，先夹两片火腿送入口中，顿觉鲜香四起溢满口腔和味蕾，那独特的滋味和感觉会让人一辈子难忘。趁火腿余香品一口歌海娜，我瞬间感觉了一种融入和交汇的纯真。火腿是纯酒是真，真正的是一场味觉盛宴和心灵慰藉。

在与理查德的美食美酒的享受中，我得知这一切美好的戏份乃至整个酒庄的辉煌，不可或缺的人物便是理查德。

这位出身于酿酒世家的酿酒师与他的大部分同行不同的是，他原先学的并不是酿酒而是森林专业，这个专业或许让他最终对土地产生了浓厚的兴趣，而正是这种与众不同的专

业背景和喜好，让他发现并拥有了对土壤风沙依赖性极至的Scala Dei酒……

山脉中的葡萄园。

配酒的野蘑菇。

斯卡拉·戴尔庄园的葡萄园。

D.O.C 普里奥拉特产区

罗伯特帕克在上世纪 90 年代曾说，普里奥拉特的酒是他所品尝过的最好的西班牙葡萄酒。2000 年，普里奥拉特地区获得了西班牙官方颁发的法定 D.O.C. 产区的认证。在西班牙只有二个 D.O.C. 产区，另一个即是开篇的里奥哈产区。

Scala Dei 之所以在世界级葡萄酒大赛中屡屡获奖，理查德认为主要原因除了葡萄品种优良土壤质地特别之外，还在于酒的酿制技术独具一格，并且全部由酿酒技术纯熟的工人手工完成，而这种酿制技术如今在全世界的酿酒业中已极其少见。

Raimat
“豪门”莱玛

RAIMAT

2013 年 10 月 2 日下午，离开天堂的酒庄，我们驱车继续沿山路前行……加泰罗尼亚的山脉虽有点起伏不定但却雄伟壮观且优美秀气。车在一路颠簸，映入眼帘的却是山间滑过的浓浓的夕阳淡淡的树影甚至那零乱的山石和翻腾着的泥土，都像涂抹了色彩，让加泰罗尼亚的这座山脉充满了灵性和生命的能量。

莱玛酒庄。

抵达庄园城堡已是黄昏，真正领略了城堡的水彩美。因为车快开到山冈时，正好太阳即将下山，最浓最艳最美的色彩全部洒落在了城堡的一砖一瓦上，从远处看简直就是一幅画，而且来自于天上……那一夜，我就入住在这个城堡里，仿佛入住于历史和幻想中……

庄园城堡如今属于著名的莱玛酒庄（Raimat），莱玛沿山脉沿河畔的几千公顷葡萄良园足以让莱玛酒庄跻身于“世界豪门”之列，而当年歌萄源家族的曼努尔先生收购这片土地时，这里没有任何植物，只是贫瘠和荒芜。

1899 年，卡瓦起泡酒的销量蒸蒸日上。这意味歌萄源家族需要更多的葡萄来满足生产需求。从其他酒庄那里收购不失为一个好方法。但那样的话，对葡萄的质量就难以控制从而不能保证卡瓦酒的高品质口感。于是在 1914 年 7 月，曼努尔·莱文托决定收购位于莱玛的三千二百公顷的土地。这个决定在当时是令人震惊的。因为当时莱玛酒庄的周围就是一片废墟，一片被遗弃的狩猎场。曾经有作为牧场，但在当时土壤的质量是令人难以接受的。而莱玛所处区域的气候条件也是非常严峻的，经常有霜冻的降临。

莱玛酒庄的酒。

曼努尔·莱文托知道，在几年前，

RAIMAT
RAIMAT

阿拉贡和加泰罗尼亚运河道开通，但是这并不能打消对莱玛酒庄可行性的疑虑。在这里还需要建设灌溉河道，否则那些高盐度的土壤会带来问题。在当时，纵观整个莱玛酒庄，只有城堡边那棵孤零零的大树。

在接下来几年里，曼努尔·莱文托聘请了大量的工人。到1925年时，百万棵树木种植于莱玛酒庄。他们还建造了一套复杂的排水系统以排出土壤中的盐分。除了土壤含盐度高，当地野兔和虫害也给曼努尔带来了很大的困扰。莱玛项目在当时是一个巨大的工作项目，为其工作的人数高达九百人。事实上，今天莱玛酒庄附近村庄都始于那个时代。

很快，在莱玛酒庄种植了各种各样成千上百的树木，以培育出适宜的土壤来种植葡萄。在当时去过莱玛酒庄的人都以为那里将会是一个牧场。其他的农

莱玛酒庄的葡萄和葡萄园。

作物，如洋葱、谷物也有种植。

葡萄园的种植建设相对而言，步伐就慢了许多。1903 年，莱玛酒庄只有二百公顷的土地种有葡萄。1936 年这个数字很快增长到了一千公顷。曼努尔成功地将一片荒芜之地变成了欧洲独立所有权的最大酒庄。

莱玛城堡。

城堡一角。

更甚的是，莱玛酒庄也是世界上最具创新精神和最高端的酿酒中心。它的二千二百四十五公顷葡萄园里种植有十五种不同的葡萄种类，包括国际品种霞多丽、黑皮诺以及赤霞珠，当地的特色品种丹魄葡萄。莱玛酒庄的大面积种植和特别的地理气候条件，使得酿酒师们可以尝试酿造许多不同风味的葡萄酒。莱玛酒庄至今已获得国际奖项无数。

马克·奈伦（Mark Nairn)，澳大利亚优秀的酿酒师，他具有极其专业的酿酒知识和丰富的全球酿造经验。马克·奈伦从 2006 年开始出任莱玛酒庄首席酿酒师，他酿造的葡萄酒在兼顾西班牙传统和风格的同时，也融入了最时尚的年轻的流行元素。马克对西班牙葡萄酒的最大贡献，是率先采用了螺纹瓶盖，这一创举主要是为了保持莱玛葡萄酒的细致芳香，而此举的意义则开创了西班牙葡萄酒使用螺纹瓶盖的先例。

在莱玛酒庄经典的品酒室内，马克很自豪地告诉我，莱玛酒庄如今已是西班牙精细栽种法的领导者，先进的种植技术确保了葡萄在采收时果实能达到最佳的成熟度。这种技术在追求最佳葡萄品质的同时，能把对环境的破坏达到最低，因此莱玛酒庄获得了西班牙国家“可持续生产”的官方认证。马克说，莱玛酒庄的这些先进的种植技术已沿用了近百年，如今已被广泛使用。

莱玛酒庄的古老酒窖。

莱玛庄园城堡

伫立于加泰罗尼亚的一处山冈上，原先山冈上是光秃秃的，什么也没有。后来著名的歌萄源家族的曼努尔先生在山冈上建起了一栋独立的庄园城堡，于是加泰罗尼亚的这座高高的山冈上，渐渐地长满了茂盛的桑树、银杏和合欢，没过几年，城堡便被绿树和红花掩映着，远远望去，就仿佛是从天边落下的一幅淡淡的水彩画……

马克·奈伦是澳大利亚优秀的酿酒师，他具有极其专业的酿酒知识和丰富的全球酿造经验。马克·奈伦从2006年开始出任莱玛酒庄首席酿酒师，他酿造的葡萄酒在兼顾西班牙传统风格的同时，也融入了最时尚的年轻的流行元素。马克对西班牙葡萄酒的最大贡献，是率先采用了螺纹瓶盖，这一创举主要是为了保持莱玛葡萄酒的细致芳香，而此举的意义则开创了西班牙葡萄酒使用螺纹瓶盖的先例。

Codorníu
歌蓟源，
1551 年至今的荣耀

巴塞罗那郊外，山峦起伏间几栋哥特式的古典建筑充满想象，尤其是簇拥着的那一片片葡萄园，更是让这片土地滋生了些许诗情和画意……这里，便是世界上最古老的葡萄酒世家歌萄源家族的世袭领地。

歌萄源家族是西班牙乃至全世界最著名的葡萄酒世家。根据历史文献记载，在遥远的1551年，歌萄源家族的祖先Jauma Codorniu已经拥有了酿造葡萄酒的机器和工具。1659年，歌萄源家族最后一代传人安娜与莱文托家族的米克尔结为夫妻，而莱文托家族在当时，和歌萄源家族一样，都是酿酒世家。虽说从此之后家族姓氏都转变为了莱文托，但在家族事业方面，还是保留了Codorniu姓氏，也就是我们今天所说的歌萄源酿酒集团。歌萄源家族目前位列世界最古老的家族企业第十七名，同时

歌萄源酒庄的夜色。

歌萄源古老的酒窖。

CAVA ANNA DE CODORNIU

是酿酒行业中的最古老企业。

从巴塞罗那驱车四十分钟便可抵达歌萄源家族公司，一望无际的葡萄园和哥特式风格的酒窖给人恍若隔世的感觉。而当我真正地置身于酒窖时，我简直被眼前的景象惊呆了，我几乎瞪着眼张着嘴一惊一乍地迈步于历史与时光的隧道中。

歌萄源最后一代传人安娜的铜像。

歌萄源几十公里的酒窖。

在一百多年历史的酒窖地下有几公里长的地窖，这里存放着数十只百年历史的橡木桶。这些橡木桶见证了歌萄源几百年的酿酒历史。在地窖里，我见到了正在此经历二次发酵的卡瓦起泡酒。我惊讶地发现这些酒瓶都是倒立呈四十五度摆放的。事实上这些卡瓦起泡酒已经到了转瓶这一步骤。这样摆放是为了让酵母可以聚集在酒瓶口以便于随后移除。

从酒窖一层传来一阵悠扬的感人

心扉的歌声，似乎是大合唱。赶紧上去，一看又惊呆了。这似乎是一个旅行团，至少有五十人。他们在酒窖古老的橡木桶前排成合唱队形，一位年轻人是指挥，在他的手势指挥下，这五十个旅游者用整齐划一的声音用充满虔诚的音律甚至是灵魂在哼唱着一首歌。不知是他们置身于这个古老的哥特式建筑还是他们声音的本身，反正我感受到了强烈的宗教意味。

后来一问，果然是首宗教意境的合唱曲。这是个德国旅行团，这次不仅是慕名前来而且专为歌萄源家族创作并演唱了这首优美的《圣歌》。

既然来到了歌萄源，就一定要品尝著名的歌萄源卡瓦起泡酒。

卡瓦是起泡酒的一种，是采用传统香槟酿制法生产的起泡酒。因而卡瓦的品质与香槟是一样的。世界上最

游客参观歌萄源。

古老的酒窖。

CODORNÍU
CODORNIU

好的起泡酒，除了众所周知的法国香槟，就是西班牙的卡瓦了。

在第二次世界大战期间，由于德国人入侵法国香槟区，使得法国香槟的产量聚减，香槟区的酒农纷纷来到位于巴塞罗那的歌菊源公司采购卡瓦。法国酒农把卡瓦采购回去贴上香槟标志再投放到市场……由此可见卡瓦的品质和地位。

歌菊源著名酿酒师
布鲁诺·科洛梅尔先生。

西班牙国王亲自为
歌菊源家族签名的酒。

而卡瓦的发明者，就是来自歌菊源家族的何塞·莱文托。

在最初的三百多年历史里，歌菊源家族一直致力于葡萄酒的生产。而在19世纪这一切发生了变化。

1872年何塞·莱文托采用来自法国香槟地区的传统香槟酿制法，生产出了第一瓶卡瓦起泡酒。而葡萄品种则选用了佩内德斯当地的传统品种，帕雷亚达、沙雷洛以及马卡贝奥。

歌匍源家族掌门人 M · Mar Raventos 女士。

而何塞的儿子曼努尔进一步将家族的事业扩展壮大。1885年，曼努尔·莱文托开始掌管家族生意。年轻时代的曼努尔游历了世界各地。回到西班牙后，曼努尔认识到自己家族所生产的这种起泡酒具备了很大的国际市场潜力。随后他邀请法国一些有名望的酿酒商前来参观并品尝产品。这些法国酿酒商盛赞了莱文托家族所生产的起泡酒，一致支持曼努尔应该致力发展推广这种使用传统香槟酿制法所生产的高品质起泡酒。

1894年，在曼努尔的领导下，歌菊源家族开始向古巴和阿根廷出口产品。自那以后，歌菊源生产的卡瓦起泡酒开始享誉世界。富有创新精神的歌菊源家族随后还推出使用黑皮诺和100%霞多丽酿制的高品质卡瓦起泡酒，丰富了起泡酒的产品结构，推动了起泡酒在整个欧洲的发展。今天，歌萄源起泡酒已是世界上最大的卡瓦品牌，同时也是西班牙最大的葡萄酒品牌之一。

如今在欧洲、在美国，歌萄源家族的产品家喻户晓，尤其是歌萄源家族出品的起泡酒，因其出色的口感、充足的气泡和超乎寻常的稳定性以及与香槟相同的瓶中发酵的酿制技术，更是被奉为传奇和经典。

生产卡瓦的酒厂位于一片绿荫中，走进车间一阵酒香。著名的酿酒师布鲁诺·科洛梅尔（Bruño Colomer）热情地给了我一个拥抱，他说他特别喜欢中国并喝过中国的葡萄酒。

布鲁诺带我参观卡瓦的酿酒区并不时地让我品尝一些原浆液，比如霞多丽的原浆。布鲁诺说原浆能让人品出酒的本真感觉，更能体会出起泡酒的细腻口感。除了原浆，布鲁诺让我

歌萄源家族。

品尝了几款最经典的由布鲁诺酿制的歌菊源起泡酒，有经典的 Anna，这是歌菊源卡瓦中最受欢迎的品牌。

另有一款桃红起泡酒，用黑皮诺酿制，压榨时放进了少许葡萄皮，酒体呈桃红色，口感自然清纯而美味。看到桃红酒，我竟想起普罗旺斯，那是以桃红酒著称的地方啊，桃红酒熏衣草让普罗旺斯成了一个浪漫的地方……我对布鲁诺讲，你能酿出如此美丽的卡瓦，一定也不缺浪漫。

布鲁诺笑着称是，他说一个内心不浪漫的人是不可能酿出经典的卡瓦的，这个世界上无论卡瓦还是香槟，都是为浪漫之人而生。布鲁诺竟然给我讲了香槟区那个著名的路易十六的情人安特瓦内特的浪漫故事。

布鲁诺从事卡瓦酒的酿制迄今已有二十三年了，当年，这位在巴塞罗

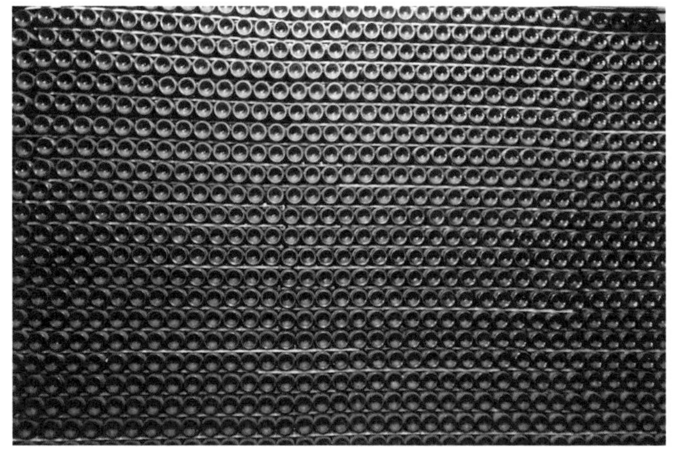

家族古老的藏酒。

那读农业的年轻人一毕业便跑去了法国第戎读葡萄酒专业，从此，他内心所有的浪漫全都交给了葡萄酒。

布鲁诺是六年前加盟歌萄源公司的，他专门负责卡瓦的酿制，具体工作从采摘到酿制样样全干。不过，让布鲁诺最用心最全神贯注的还在卡瓦的“转瓶”这一环节上。起泡酒在酿制过程中有个“转瓶”的工作，所谓“转瓶”就是将发酵着的酒插进木架上，然后每隔一个小时便来转四十五度……“转瓶”这道工序是体现起泡酒品质高低的一个极重要的环节。

中午，歌萄源公司如今的掌门人，家族第十八代传人 Mar Raventos 女士请我共进午餐。午餐是在那个最悠久历史的酒窖旁的一栋房子内进行的，而这栋老建筑的设计者便是著名的设计师 Josep Puig i Cadafalch。歌萄源的酒窖与巴塞罗那著名设计师安东尼奥·高迪设计的圣家族大教堂并称加泰罗尼亚现代主义设计的重要组成部分。这栋建筑设计好后便成了家族掌门人接待客人品酒的好地方，一百多年来无数名人曾经光临此地，感受歌萄源家族的美酒和荣耀。

歌萄源不仅仅拥有悠久的传统历史以及酿酒的专业技术，它在漫长的发展过程中所表现出的创新精神也是毋庸置疑的。在多个里程碑革新技术中，卡瓦的发明是最不可忽视的一项。打破传

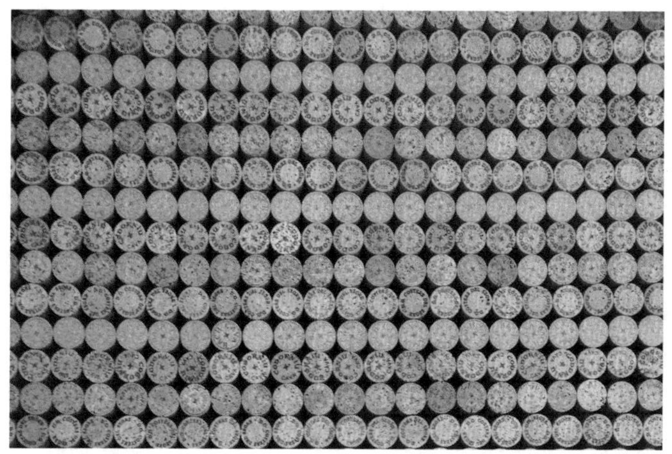

歌萄源卡瓦起泡酒瓶软木塞。

统是歌萄源酒庄深入骨髓的精神遗产。

19 世纪后期，西方掀起了一股现代主义风格的浪潮。现代主义风格的精髓是实验精神。这种精神在随后的现代主义风格的艺术作品中都有所体现。当时的巴塞罗那就处于这股浪潮的中心，并随之带来了工业化和城市化。加泰罗尼亚地区曾试图在这股浪潮复苏加泰罗尼亚语和与其相关的文化传统。这些在之前的西班牙文化中都扮演着重要的角色。

REINA Mª CRISTINA
Blanc de Noirs
Vintage
BRUT RESERVA
DESDE 1897
CODORNÍU

1895年，曼努尔·莱文托聘请Josep Puig i Cadafalch设计建造歌蓟源酒庄。建成后的歌蓟源酒庄与安东尼奥·高迪设计的圣家族大教堂被广泛认定为加泰罗尼亚地区现代主义风格的典型代表建筑。

酒庄的设计建造不仅仅做了美学上的考量，Josep Puig i Cadafalch也充分考虑到这座建筑的功能是要为酿酒和储存酒提供理想的条件。他还试图将建筑与周围的自然环境融为一体。这位伟大的设计师随后被告知他还需要为歌蓟源家族设计家族宅邸。这座家族宅邸随后被建造于离酒庄不远处，有花园和湖泊的围绕。

许多年以后，酒庄又请来Lluis Bonet i Gari做进一步的修建工作。Lluis Bonet i Gari曾和安东尼奥·高迪工作，一起建造圣家族大教堂。如今的歌蓟源酒庄每年约接待十五万人次的

歌蓟源玛利亚·克里斯蒂娜珍藏起泡葡萄酒。

参观。1976年，西班牙国王胡安·卡洛斯宣布歌萄源酒庄列为西班牙历史与文化艺术遗产。同年4月2日，国王亲临歌萄源，拿起那款歌萄源安娜大声说："这就是西班牙时刻！" 国王的声音迄今一直回荡在歌萄源公司的葡萄园里……

Mar的助手带我参观这栋充满传奇色彩的建筑，里面除了该有的人们需求的一切空间比如餐斤比如会见厅等等以外，还有个教堂，因为歌萄源家族是虔诚的基督教徒，每天都要祷告。

Mar的助手告诉我，歌萄源家族的基督教情结弥漫了家族的几百年历史，所以几百年来家族的掌门人换了一个又一个，但是歌萄源家族的文化和情怀却始终不曾变过，几百年来正是这种充满仁爱的文化情怀维系了歌萄源的葡萄酒事业……

歌荀源经典卡瓦起泡葡萄酒。

有笑声从门外的花园里传来，我转过身去，一位充满风韵和气质的女士已跨进门来，不等 Mar 助手介绍，她已向我伸出手说欢迎。她就是歌荀源第十八代掌门人 Mar 女士。六十多岁的人却浑身洋溢着一股朝气，那笑声是那么的年轻。

Mar 放下手上的提包，便拿起助手递上的一款起泡酒亲自为我打开。Mar 说，这款酒的名字叫安娜，而安娜便是歌荀源家族最后一代传人。在

与家族掌门人品尝卡瓦酒。

接下去的采访中我知道，但凡有重要的客人到访，Mar 总会亲自开启这款以家族最后一代传人命名的酒以示欢迎。

Mar 用家族酿的好酒和数十款精美点心招待我，其间不时的亲自为我倒酒递上点心。我们的话题自然围绕歌萄源家族展开，因为这不仅是个酿酒世家，更是一个对西班牙甚至世界葡萄酒文化和经济作出极重要贡献的家族。

Mar 自豪地告诉我，她从小就在莱玛的葡萄园里长大，从童年到青春岁月一直到今天，生命跟葡萄酒紧紧的联系在了一起。到了二十四岁时，Mar 成为歌萄源公司的一个部门的主管，而距今十四年前，也就是 2001 年她成了歌萄源家族的第十八代掌门人……说起辉煌灿烂的家族历史，Mar 便显得十分的兴奋，尽管相信 Mar 早已无数次地讲述过家族的历史和文化，但面对我她依旧兴致勃勃，言语中充满了自豪感："西班牙的第一款起泡酒便是由我的曾祖父于1872年酿制而成的，而他的儿子也就是我的爷爷则创办了西班牙第一家起泡酒公司……"

Mar说，自那以后，歌蔔源家族便延续着圈地酿酒的传统，为了吸取各种不同风格的土质和气候，丰富葡萄酒的品种，1991年，歌蔔源家族在美国加州著名的葡萄酒产区纳帕购置了酿酒厂和葡萄园。而1997年歌蔔源家族又在西班牙最著名的葡萄酒产区里奥哈投资买下了一个建于1901年的充满历史的葡萄酒庄园毕尔巴纳斯，这个庄园已为歌蔔源家族生产出了整个西班牙乃至欧洲最好的葡萄酒……2001年歌蔔源家族在南美的阿根廷门多萨投资了七号酒庄。

我与家族掌门人 Mar 合影。

酿酒师与家族掌门人。

当然最让 Mar 甚至整个歌菊源家族自豪的难以忘怀的，便是西班牙国王高举歌菊源家族的酒，高声说出“这是西班牙时刻”的那个瞬间……近四十年后的今天，Mar 回想起那一刻，依旧那么清晰和激动。她说那天她就站在国王身边，亲眼目睹国王拿着那款酒高声宣布“这是西班牙时刻”时脸上露出的喜悦之情。

歌菊源安娜白中白起泡葡萄酒。

歌菊源家族的历史印迹。

跟 Mar 聊了一个下午，分手时我有了一个灵感，想以歌菊源家族几百年历史沧桑和文化积淀为素材写一个电影剧本，而女主人则非 Mar 不可。这是一个浑身洋溢着高贵典雅气质的不凡女人；这还是一个言谈举止充满着古典韵味而又时尚的女人；这更是一个对过往无限眷恋对未来无穷梦想视葡萄酒为生命的女人……没有一个演员能够在歌菊源的风云际会中扮演好 Mar 的“杯酒人生”。

ANNA

歌萄源家族

这是西班牙乃至全世界最著名的葡萄酒世家，自1551年以来，家族一直耕耘着葡萄酒事业，迄今已延续至第十八代。在欧洲、在美国，歌萄源家族的葡萄酒早已家喻户晓，尤其是歌萄源家族出品的卡瓦起泡酒，因其出色的口感、充足的气泡和超乎寻常的稳定性以及与香槟相同的第二次瓶中发酵的酿制技术，更是被奉为传奇和经典。

卡瓦

起泡酒的一种，是采用传统香槟酿制法生产的起泡酒。因而卡瓦的品质与香槟是一样的。世界上最好的起泡酒，除了众所周知的法国香槟，就是西班牙的卡瓦了。

Color 色

马德里的伯纳乌和马约尔

塞戈维亚的古罗马、乳猪和手风琴

布尔戈斯大教堂的熙德之歌

毕尔巴鄂的古根海姆

锡切斯的沙滩

巴塞罗那的毕加索

巴塞罗那的“高迪之旅”

Mahou
Fly Emirates
¡HALA MADRID!
Coca-Cola
adidas

Madrid
马德里的
伯纳乌和马约尔

我曾经问过许多喜欢西班牙足球的朋友，你们知道马德里的伯纳乌吗？所有的被问者都会异口同声地说，伯纳乌是皇家马德里足球队的主场。再问，那为什么叫伯纳乌呢？没人回答。

伯纳乌足球场如今被誉为西班牙马德里的“名片”，几乎所有来马德里旅游的人，无论是否球迷，都会愿意花十五欧元走进这座堪称伟大的绿茵场，亲身感受它的叱咤风云……

其实伯纳乌首先是个人名，因为有了圣地亚哥·伯纳乌·耶斯特这个人，才有了伯纳乌足球场。要真正了解感悟伯纳乌足球场的伟大以及它风起云涌的前身今世，那就一定要认识伯纳乌这个人。因为是他让皇马这个曾经的小球会一跃而成为欧洲乃至世界顶级并且声名最为显赫的球会。

伯纳乌一生都忠诚于皇家马德里

伯纳乌足球场内的皇马队史陈列。

MMT
SEGUROS
5
MMT
SEGUROS
9
MMT
SEGUROS
12
POCIUS
MMT
SEGUROS
21
MMT
SEGUROS
23
MMT
SEGUROS
16

皇马历史上的功勋球员。

俱乐部。

伯纳乌 1912 年加盟皇马，在风云际会的绿茵场上驰骋了十五年后，于 1927 年退役。作为前锋，他在皇马的各类比赛中共射入一千二百多个球。作为数年担任球队的队长，他带领着皇马冲锋陷阵勇往直前。1935 年西班牙内战爆发，伯纳乌拿起枪上了前线，在著名的马德里保卫战中，这位年轻人如在皇马踢球一样，英勇奋战，并多次受勋……

1943 年他成为皇马主席，在这个岗位上他服务皇马三十五年，并被认为是皇马俱乐部由小到大取得一系列显赫成就的最重要的力量。伯纳乌还是著名的欧洲冠军杯创始人之一，而他领导下的皇家马德里俱乐部成为了这项锦标赛早期的霸主。1978 年阿根廷世界杯期间，伯纳乌辞世，国际足联决定默哀三天以示悼念。

2002 年，伯纳乌被国际足联追认为国际足联荣誉奖得主。迄今为止，在皇马的历史上，从没有一个人像伯纳乌那样这么长久地担任着俱乐部主席并在这期间取得如此辉煌成就和显赫的荣耀以及给足球世界留下如此深远的影响……

2013 年 9 月 24 日，我走进伯纳乌足球场。当我双脚轻轻踏在阳光下的这片绿茵，我眼前浮现的不是那些伟大的球员而是把这些球员带进这个绿茵场上的那个人，是那个让伟大的球员有地方踢球的那个人，他就是圣地亚哥·伯纳乌·耶斯特。

1947 年在伯纳乌足球场的落成典礼上，时任皇家马德里俱乐部主席的圣地亚哥·伯纳乌·耶斯特感慨地说，当他还是一名球员时，当他的双腿一触到球和绿茵场的那一刻，他便想象总有一天他要建一块属于自己的球场。

伯纳乌咖啡馆。

伯纳乌足球场门口。

Gijón

madrid

伯纳乌传递的其实是一个梦想，很多年以后，皇马著名球星劳尔说，他在绿茵场上就是在为梦想而奋斗，而引领他的就是圣地亚哥·伯纳乌·耶斯特。

伯纳乌是个人名，而马约尔不是。马约尔在西班牙语中是“大”和“主要”的意思，马约尔广场也就是大广场的意思。在西班牙的各个城市中，都有马约尔广场，因此说到马德里的这个广场，应该叫马德里的马约尔广场。当年马德里保卫战时，马约尔广场是国际纵队和共和军的大本营，广场上的一砖一石经历过炮火的洗礼。今天的马德里人说起马约尔广场，依旧会激情澎湃。因为他们的父辈们无论是共和国军还是佛朗哥的军队，都曾在马约尔广场战斗并牺牲过……

马德里的这个马约尔广场，是著名的菲里普三世于1619年主持修建的，

马德里街景。

西班牙的设计师将广场建成了有着独特风格的四方形状，整个广场横纵差不多在一百米左右。“广场中央是菲里普三世的骑马雕像，而正是菲里普三世的这个雕像保佑了马约尔广场。因为在漫长的岁月里，共有三场大火差一点席卷并毁掉了广场，但最终火势都被扑灭，广场亦幸免于难。尤其是第二场大火，那是当年马德里保卫战时，面对佛朗哥军队的进攻，共和国军和国际纵队纵火欲与广场同生死。然而这个瞬间一场暴雨倾天而降，熊熊烈火突然被雨淋灭。”

环顾马约尔广场四周，是经典的石柱廊和画着图案的画面。而画面上是一排排密密小小的窗户，远远看去，仿佛历史正在注视着今天……这个广场真正被载入历史的是 1680 年 6 月 30 日，这天西班牙在这里审判异教徒，“那些不肯悔改的异教徒当晚便在广场中

马德里少女。

马德里广场。

央被烧死。马德里的博物馆里保留着西班牙艺术家在1683年根据这个广场审判异教徒的情形描绘的作品，而这历史性的一刻，被人类学家和历史学家认为推动了西班牙的历史进程”。

今天的广场早已没有了曾经的沉重感觉，廊柱下全是充满特色的商店和咖啡馆，而广场中央也就是当年审判异教徒的地方，如今则是艺术的天堂。这里有点像蒙马特，画家和音乐人云集……

中午，当头烈日似乎要把广场烤出火焰，我躲在遮阳伞下喝了一杯著名的马德里黑咖，然后走进一家大的如卖场似的火腿店。黑咖啡、红火腿和黄卡瓦（起泡酒）是西班牙享誉世界的最具盛名的食物，而马约尔广场则是品尝这三款美味的最佳场所，因为这三款食品的最原始的手工作坊全部起源于此，今天的摊主则是那些创立了这些荣誉的人们的后代。

火腿店里至少有近百个摊主，每个摊主跟前都簇拥着许多人，他们等待着摊主用高超的手艺将火腿削成如纸一般的薄片。一杯卡瓦一碟火腿片再加点奶酪，坐在古老的廊柱下，心灵感受历史的同时，眼睛却在捕捉时尚，这便是马约尔广场给人们的一份充满记忆和趣味的美丽的午后……

体验马德里，无论艺术、音乐、美食或者历史和宗教，马约尔广场绝对是首选。在历代西方关于建筑的著作和史籍中，马德里的这个马约尔广场都在其中占有一席之地，尤其是广场曾经的宗教往事和后来的艺术灵魂，足以丰富欧洲乃至世界的建筑史话。

马德里市民。

马约尔广场是马德里的精神之地，是马德里人几百年来赖以生存的信仰。

Opere aquí
también como
CO PASTOR

马德里街上的歌萄源酒。

两位马德里大学生。

啤酒盖的艺术。

喝咖啡的女人。

马德里大学。

马德里美食。

伯纳乌

是皇家马德里足球队的主场，伯纳乌足球场如今被誉为西班牙马德里的“名片”，几乎所有来马德里旅游的人，无论是否球迷，都会愿意花十五欧元走进这座堪称伟大的绿茵场，亲身感受它的叱咤风云……

马约尔广场

马约尔在西班牙语中是“大”和“主要”的意思，马约尔广场也就是大广场的意思。在西班牙的各个城市中，都有马约尔广场，因此说到马德里的这个广场，应该叫马德里的马约尔广场。当年马德里保卫战时，马约尔广场是国际纵队和共和军的大本营，广场上的一砖一石经历过炮火的洗礼。今天的马德里人说起马约尔广场，依旧会激情澎湃。因为他们的父辈们无论是共和国军还是佛朗哥的军队，都曾在马约尔广场战斗并牺牲过……

Segovia
塞戈维亚的
古罗马、乳猪和手风琴

Guerrini

让西班牙名城塞戈维亚享誉世界的，是著名的文化遗产古罗马水渠。因为塞戈维亚拥有这座被誉为“当今世界上保存最完好的古罗马遗迹”，整个古城亦于1966年被联合国认定为世界文化遗产。

9月，阳光下的塞戈维亚……远远望去，高耸于古城上的罗马水渠，横贯于蔚蓝的天空间，简约单纯而又空灵。秋天的阳光穿越廊柱，将这幅几何般工整而透着浑厚的建筑倒映在地面上，如一幅巨大的黑白照片，包含着丰富的内涵。

这张“照片”让这个世界足足惊叹了两千年……塞戈维亚这座伟大而古老的水渠，足以屏蔽掉任何一个想去探究它前身今世并寻求诸如“这严实合缝的巨石块，当初是如何靠人力一块一块垒到二十八米高度的”的

塞戈维亚街头。

Panadería Pastelería
CAFETERÍA

塞戈维亚老房子。

想法。因为这是一件即使放在今天，人们都未必能完成的作品。今天依旧有很多人不相信它是人类的工程而是“魔鬼的工程”。

我站立在山巅，望着眼前这巨石的杰作、这天功的奇迹感慨万千……水渠全部用花岗岩石块砌成，有一百二十八个双层拱洞，全长八百十三米，最高处高达三十米。罗马人当年征服了这个干旱缺水的地方后，修建了这样一个水利工程，水通过它被引入城市，一直到19世纪，这座高大双拱的水渠顶部，每天都有清澈的水流进城市。当年罗马人站立在这片土地上用手持肩扛创造着一段历史。他们建立的功勋又岂止仅仅是个水渠呀，它是罗马人留给人类的最伟大的建筑。

塞戈维亚建于遥远的公元前80

年，而古城最经典的城防系统和建筑如摩尔人国王的宫殿以及哥特式大教堂和著名的罗马水渠，都是由阿方索六世国王在位时于1088年建造的。当年罗马人在卡斯蒂利亚高原上，用巨石垒起的不是水渠不是城堡不是教堂，而是刚柔并济的艺术……

塞戈维亚不仅仅有罗马水渠，它的烤乳猪亦闻名世界。

被誉为塞戈维亚美味的烤乳猪，依旧源自于罗马人统治时期，当时的卡斯蒂利亚盛产黑毛猪，罗马士兵喜欢将没有长大的猪用炭火烤着吃。有一次阿方索六世国王来塞戈维亚视察疆域，特意品尝了士兵们呈上的被烤得金黄色的乳猪，国王大赞其美味，渐渐的烤乳猪便开始在塞戈维亚风行起来。后来，几乎所有的西班牙城乡都有了烤乳猪这道美味，但论正宗论

闻名世界的罗马水渠。

鼻祖，则非塞戈维亚莫属。

在塞戈维亚阿索圭霍广场上的古罗马水渠旁，有一栋古老的建筑，它就是塞戈维亚最著名的坎迪多餐厅。这家餐厅以烹饪乳猪闻名于世，餐厅自1786年开业至今，已有二百年的历史。当年的坎迪多是罗马士兵们围炉而坐吃烤猪肉的一个小棚子，如今小棚子成了大饭店。坎迪多既是餐厅名字也是餐厅主人的名字，在餐厅边上有一尊坎迪多雕像，作为餐厅的创始人，他最大的功绩便是将塞戈维亚烤乳猪发扬光大到了全西班牙乃至全世界。

塞戈维亚街景。

现在的主人名叫安东尼奥·坎迪多，一位和善亲切的老人。几乎所有来坎迪多用餐的人，都会对老人留下极深刻的印象，我自然也不例外。

为了享受秋日的阳光，我选择坐在餐厅外面用餐。我和随行的女儿诗

VIÑA PILAR
ROBLE 2010
TEMPRANILLO
RIBERA DEL DUERO
DENOMINACION DE ORIGEN

为各来了一份乳猪，虽然不是全只乳猪，但那个量也一样大得惊人，一瓶2009年份的歌萄源公司出的赤霞珠葡萄酒，配鲜美的乳猪肉，秋天的阳光下，在欧洲的古城，这是多么惊艳美丽的一幅图画呀。当满嘴鲜果味的红酒和着喷香酥嫩的乳猪脆皮时，简直就是绝对的味蕾的快感和口腹的享受……几天后我拜访了生产这款酒的酒庄，我告诉了庄园主我用这款酒配乳猪的奇妙的味觉享受……

塞戈维亚美食和酒。

在坎迪多用餐，让我有幸目睹了坎迪多餐厅如今的掌门人安东尼奥·坎迪多的精彩表演。他推出一只刚出炉的烤乳猪，亲自为客人们表演切分烤乳猪的仪式。他先手捧祝祷词念了起来：“感谢国王恩里克四世，赋予了我们烤乳猪的权力。”

祝祷词源自于当年塞戈维亚的统

著名的坎迪多餐厅主厨表演火烤乳猪的仪式。

治者，也就是伊萨贝尔女王的哥哥，当年正是他批准了塞戈维亚的坎迪多餐厅可以经营烤乳猪生意。为了感谢恩里克四世，坎迪多餐厅的历代掌门人在切乳猪前都要念念有词一番……与他的前辈们一样，念完祝祷词，穿着一身蓝色制服佩着缎带的安东尼奥·坎迪多先生，手持一只白色瓷碟，用力在乳猪上切分了几下，其快速麻利宛若用刀，手起刀落，乳猪瞬间便已四分五裂……随后他将瓷碟往地上一摔，随之“砰”的一声，瓷碟粉碎，古老而戏剧般的切猪仪式戛然而止……

安东尼奥·坎迪多年愈八十，服务这间餐厅已近半个多世纪。五十多年中坎迪多接待过许多国家的总统和名人政客，比如美国前总统老布什和小布什、里根和克林顿，还有俄罗斯总统普金以及西班牙的卡洛斯国王等……无数人见

古老的塞戈维亚建筑。

识了老先生的这一绝活。

一阵悠扬的手风琴声飘来，是格里格的《培尔·金特》组曲……是谁竟然有如此的情趣，在这个中世纪的广场上，在这个明媚的午后，演奏如此让人心情荡漾的音乐？于是随着琴音看过去，原来是广场中央的一位中年人。他背着一只红色的手风琴，面对着正在品尝烤乳猪的人们，尽兴地在演奏。阳光下红色的手风琴熠熠生辉……他叫格列奇，一个东欧人的名字，后来一问果然是，他来自波兰。

渐渐的我发现在塞戈维亚有很多这样类似流浪汉式的“手风琴艺术家”，他们贫穷但浑身都充满着艺术气息，在塞戈维亚小城的几乎每一个角落，我都能听见这悠扬的手风琴声以及这些来自东欧的流浪艺人……

罗马水渠、乳猪和手风琴，绝对的塞戈维亚。

塞戈维亚小巷深处。

小巷深处的书摊。

古罗马输水道

大概建于公元 50 年前后，迄今完好，令人称奇。这一建筑以双层拱洞为特点，给人留下深刻的印象，成为塞戈维亚历史古城一道亮丽的风景线。在这里，人们还可以参观阿尔卡萨尔这一始建于 11 世纪，完成于 16 世纪的哥特式大教堂。

塞戈维亚

位于马德里的西北一百公里处，是西班牙最壮观的世界遗产城市，包括古罗马引水桥，还有白雪公主的城堡原型以及有名的烤乳猪。塞戈维亚烤乳猪源自于罗马人统治时期，当时的卡斯蒂利亚盛产黑毛猪，罗马士兵喜欢将没有长大的猪用炭火烤着吃。阿方索六世国王大赞其美味，渐渐的烤乳猪便开始在塞戈维亚风行起来。

坎迪多餐厅

在塞戈维亚阿索圭霍广场上的古罗马水渠旁，有一栋古老的建筑，它就是塞戈维亚最著名的坎迪多餐厅。这家餐厅以烹饪乳猪闻名于世，餐厅自 1786 年开业至今，已有二百年的历史。

Catedral de Burgos
布尔戈斯大教堂的熙德之歌

布尔戈斯，因为一座教堂而成为名城。

布尔戈斯原来只是西班牙北部荒原上的一个驿站，但在差不多八百年前，这个驿站还没有名字，过往的人们用“神”来称呼这片土地。1221 年，当时的国王费尔南多三世和著名的马德里布尔戈斯大主教毛里西奥要在这个北部的驿站传递宗教，便决定建一座教堂。教堂从设计到落成，经历了整整三个世纪。1567 年教堂竣工时，为了纪念毛里西奥大主教，教堂便被命名为布尔戈斯大教堂，久而久之，这片无名之地也因为这座教堂而成为了一座名城，而更早的位于马德里的布尔戈斯教堂则渐渐的被人遗忘了。

今天，布尔戈斯大教堂已成为著名的文化遗产了。因为这座伟大的教堂，昔日的驿站亦成了西班牙的名城……

布尔戈斯大教堂。

教堂门口的神像。

到达布尔戈斯已近中午，抬头便能看到秋日的阳光，把布尔戈斯大教堂染得金黄……而地上则是教堂的倒影，尖的塔顶圆的拱门以及呈几何形的台阶，这倒影如黑白的影像，让这斑斓的世界，在这样的一个午后，多了一份温暖和诗意……

布尔戈斯大教堂是一座白色的石灰石哥特式建筑，远远看去整座教堂尖塔兀立飘飘欲升……有趣的是虽然布尔戈斯大教堂是典型的哥特式建筑，但在建筑元素上却又有些许伊斯兰教派的风格。比如镂空的石窗棂、大面积的几何图案和纹样……

明明是哥特式，为什么又充满了伊斯兰元素呢？原来在公元8世纪时，西班牙曾被伊斯兰教徒所占领。西班牙著名的复地运动便是从那时开始的，从8世纪至15世纪，西班牙为收复阿拉伯人在伊比利亚半岛上所占据的土地，付出了几代人的生命和鲜血……

从公元718年开始，西班牙在对阿拉伯人的战争中不断取得胜利，终于在1212年，信奉天主教的西班牙人彻底赶走了伊斯兰教徒，与此同时建造起了大批的天主教堂。由于历史的原因，每一次战争结束后，许多技术水平极高的阿拉伯建筑师与工匠以及他们的后代都选择留在西班牙。因此西班牙人在建造教堂过程中，便雇用许多技术水平极高的阿拉伯建筑师与工匠参与其中。这就是我们今天看到的西班牙教堂虽然都标榜为哥特式，但其中又不乏伊斯兰元素的原由。

布尔戈斯大教堂从外表上看，很近似于德国的科隆大教堂，但从细节着眼却更完美更精致。教堂高达八十四米，一眼望去顿觉雄伟壮观气

喝咖啡的人。

教堂的建筑。

势非凡。在高耸的两座塔楼顶部，配有一对石刻透雕的针状尖塔直插云霄……

在寂静的午后，我推开虚掩着的厚厚的教堂的门，阳光透过高悬的窗棂斜射出一道强烈的炫光，照在那个祭坛上。这块被阳光穿透的彩色玻璃，据说迄今已有千年历史。当年拿破仑攻打西班牙曾炮轰布尔戈斯大教堂，这块玻璃虽被炮火震下却没有破碎，因为它被教堂钟楼挡住了……被阳光照射的祭坛，其状有如翻开的一本书，上面绘满了圣经故事和图像。如此设计的目的，是为了照顾当年走进教堂的那些目不识丁的人，让他们一眼就能看明白主的精神和关爱。

著名的教堂山。

中世纪的教堂广场。

布尔戈斯大教堂内最为震撼的是教堂内安奉着的熙德和他妻子的墓穴，墓穴旁的一块墓碑石上刻着熙德和他妻子的名字。熙德为阿拉伯语的译音，意为“封主”。

熙德的真实名字叫罗德里戈·迪亚斯·德比瓦尔，是11世纪西班牙声名卓著的军事统帅和与摩尔人作战屡建奇功的民族英雄。历史上迪亚斯不仅是反抗摩尔人的英雄，也是基督教与异教徒斗争的代表人物。传说迪亚斯为了维护家族的荣誉，在决斗中杀死未婚妻希门娜的父亲。希门娜也迫于同样的原因，请求国王处死迪亚斯。但国王因迪亚斯是击溃外来之敌的民族英雄，于是不但没有处死迪亚斯，反而说服希门娜并成全了他们的婚姻。西班牙最早的一部史诗《熙德之歌》便记录下了这段经典的故事。

教堂的路。

布尔戈斯

圣地亚哥朝圣之路上重要的文化中心，曾是卡斯蒂利亚王国的都城。

圣母玛利亚拱门

14 世纪是在城墙上开出的城门，以当地名流的雕像作为装饰。是进入老城区的必经之路。

布尔戈斯大教堂

1221 年费尔南多三世国王亲自奠基兴建，西班牙第三大天主教堂，被形容为“精美得如同女人的珠宝”。是布尔戈斯城内最重要的建筑，世界文化遗产。教堂中最美丽的部分是总督礼拜堂、金色楼梯、萨尔门、塔尔门等几处，还有一座大教堂博物馆。

圣尼古拉斯教堂

最值得一看的是一座宏伟的彩色雪花石膏祭坛雕塑。

圣埃斯特班教堂

建于 1280 年，现在是祭坛装饰博物馆。

科尔冬之家

公元 1497 年，天主教双王在这里接见了第二次从美洲回来的哥伦布。

Bilbao
毕尔巴鄂的古根海姆

多年前，西班牙人曾经说，毕尔巴鄂是一座冰冷的城市，因为它只有工业，而没有西班牙人崇尚的火热激情以及音乐和绘画。

这座历史悠久的城市始建于遥远的1300年，因为拥有优良的港口而逐渐兴盛，但到了17世纪后，随着航运的不景气城市亦日渐衰落。1983年一场洪水更是将毕尔巴鄂老城区严重摧毁，正在为经济衰退而艰难自救的毕尔巴鄂更是雪上加霜，颓势难挽。而到了90年代初，毕尔巴鄂已沦落为了欧洲籍籍无名的小城。毕尔巴鄂的旅游部长曾经说，要不是毕尔巴鄂足球队还在西班牙联赛中占有一席之地，这个世界上的绝大部分人可能终身都无缘闻得毕尔巴鄂之名。

而今天，毕尔巴鄂已成为西班牙的名城，这其中当然要归功于这座城

毕尔巴鄂景色。

古根海姆博物馆内景。

ZERO
ESPAZIOA

Pescados del día. "Consultar"
Torrija casera con vainilla
Helados artesanos
Limón con genjibre

市的经济，真可谓成也经济败也经济。进入新世纪以来，随着投资移民的拥入和航运的复苏，毕尔巴鄂的经济较前大为发展，城市的面目也取得了日新月异的改观……但是真正让这座曾经默默无闻的小城一夜成名享誉世界的，便是落成于毕尔巴鄂河畔的古根海姆博物馆。因为这个博物馆，全世界都知道了毕尔巴鄂。

毕尔巴鄂街景。

古根海姆博物馆。

上个世纪的80年代末，为了复兴城市经济，毕尔巴鄂政府决定要大力发展旅游业。但是毕尔巴鄂风俗不奇景色不佳，拿什么来吸引游客呢？后来决定用现代艺术来重振城市的经济和文化。毕尔巴鄂决定兴建一座现代艺术博物馆，寄希望欧洲众多艺术爱好者来毕尔巴鄂进行一次“文化之旅”。

而纽约古根海姆博物馆一向是收藏现代艺术的重要场所，其古根海姆基金会亦早有向欧洲拓展之意，于是双方便一拍即合，一定要让古根海姆为毕尔巴鄂为西班牙增色添辉。

美丽的毕尔巴鄂河如一款精致的绫罗绸缎，在阳光下静静地流淌着……古根海姆博物馆如时尚前卫的美人，伫立于河边。它被誉为20世纪人类建筑史上最经典最时尚的建筑，甚至有人感叹，因为古根海姆，20世纪总算没有白过。

古根海姆的引人之处在于它的外形设计，从外表看，与其说是个建筑物，不如说是件抽象派的艺术品。它由数个不规则的流线形多面体组成，因为建筑物顶层覆盖着三点三万块钛金属片，因此在阳光下整个建筑便熠熠发光，与波光粼粼的毕尔巴鄂河水相映成趣……尽管建筑本身是个耗用了五千吨钢材的庞然大物，但由于造

古根海姆建筑艺术。

型飘逸色彩明快，丝毫没有给人沉重之感。

古根海姆外形前卫室内设计一样另类精彩，尤其是入口处的中庭设计，被设计师称之为“将帽子扔向空中的一声欢呼”。因为它创造出以往任何高直空间都不具备的、打破简单几何秩序性的强悍冲击力……

古根海姆博物馆。

毕尔巴鄂的老建筑。

古根海姆的设计师是美国人费兰克·盖里，他的建筑设计向来以前卫、大胆著称，其反判性的设计风格不仅颠覆了几乎全部经典建筑美学原则，也横扫了现代建筑的成规戒律和陈词滥调。他的作品挑战人们既定的建筑价值观和被困缚的想象力，在建筑界不断引发轩然大波，爱之者誉之为天才，恨之者毁之为垃圾。但盖里却一如既往，其创造力和想象力依旧汹涌澎湃势不可挡。

古根海姆成为了盖里的“晚年变法”，使得他的设计风格跃升到了更高的创作境界。

古根海姆选址于毕尔巴鄂门户之地的毕尔巴鄂河南岸，与美术馆、大学和歌剧院共同组成了毕尔巴鄂文化中心。古根海姆博物馆的面积达到二点四万平方米，一进门便看到一个高大的门庭，足足有三百平方米，这个空间用于举办各种派对和安放永久性艺术品。举办的最多的，那一定是毕加索画展……

古根海姆的艺术藏画。

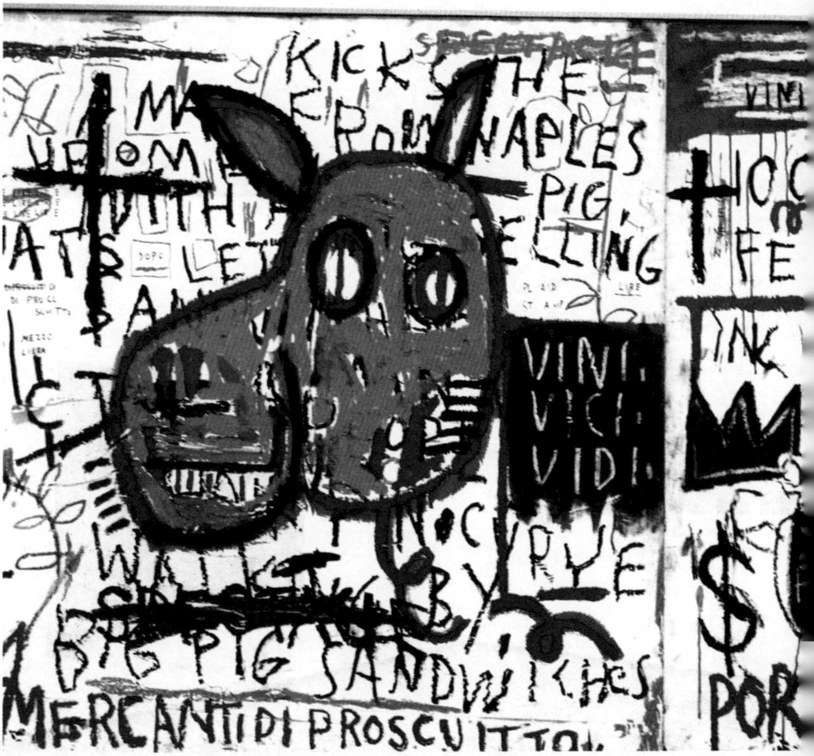

毕尔巴鄂

这座历史悠久的城市始建于遥远的1300年，因为拥有优良的港口而逐渐兴盛，但到了17世纪后，随着航运的不景气城市亦日渐衰落。1983年一场洪水更是将毕尔巴鄂老城区严重摧毁，正在为经济衰退而艰难自救的毕尔巴鄂更是雪上加霜，颓势难挽。而到了90年代初，毕尔巴鄂已沦落为了欧洲籍籍无名的小城。毕尔巴鄂的旅游部长曾经说，要不是毕尔巴鄂足球队还在西班牙联赛中占有一席之地，这个世界上的绝大部分人可能终身都无缘闻得毕尔巴鄂。

古根海姆博物馆

古根海姆博物馆如时尚前卫的美人，伫立于河边。它被誉为20世纪人类建筑史上最经典最时尚的建筑，甚至有人感叹，因为古根海姆，20世纪总算没有白过。

Nina
锡切斯的沙滩

锡切斯的海滩。

在巴塞罗那郊外，有个叫锡切斯的小城。小城靠着地中海，在有阳光的日子里，地中海的蔚蓝色透过阳光反射到小城，整个锡切斯便在阳光的沐浴中，变成了一个蔚蓝的小城……

19世纪末，随着巴塞罗那著名的“四只猫”咖啡馆的创始人，西班牙现代派画家圣地亚哥·卢西尼奥尔在锡切斯海边安家，大量的艺术家和音乐家亦纷纷前来驻足，其中就有毕加索和法国画家达利等名人。尤其是毕加索，在他的老朋友卢西尼奥尔家小住期间创作了大量的作品，在西班牙，锡切斯是拥有毕加索最多作品的城市。海明威亦曾造访锡切斯并在大海边朗诵他的名著《太阳照常升起》。渐渐的，锡切斯小城成了著名的艺术之城。

锡切斯不仅仅有艺术，还有宗教、

民居、美食和沙滩……

锡切斯以海滨沙滩著名，而最有名的便是当年海明威朗诵小说的那个沙滩，这个沙滩被锡切斯的居民称之为海明威沙滩。

沙滩的海角边耸立着一座教堂，这个17世纪的大教堂呈玫瑰色，在阳光普照的沙滩上如一幅美丽的油画缀在海上挂在天边。

教堂后面便是老城，整个老城是用老石头垒起来的，窄窄的石头小街、石头堆的民居，每一扇门每一个窗和每一个转角都是精致而美丽的。卢西尼奥尔的故居便也坐落在老城区，它是一栋由白色的砖砌成的房子，海蓝色的窗就像是画上去的。卢西尼奥尔的这栋建筑如今已变成了卡乌费拉特博物馆，里面展出着各种加泰罗尼亚的艺术品，其中毕加索的画也经常在

锡切斯海滩的黄昏。

金色的锡切斯。

里面展出……

整个锡切斯几乎一年四季都洋溢着热烈而奔放的气氛，这里的每一个人都如同过节一般的开心。尤其是每年的 2 月和 3 月，这是西班牙最大的狂欢节季，在这两个月中，锡切斯的所有海滩以及老城区和餐厅酒吧，人们二十四小时不间断地唱歌跳舞喝酒，通宵达旦彻夜狂欢……而到了 6 月的圣体节，大街小巷则铺天盖地的全是鲜花，整个锡切斯五彩缤纷花团锦簇，如一座巨大的花园。

当然，人们最喜欢的还是锡切斯的夏日。夏季的锡切斯海滩是公认的巴塞罗那南部海岸线上最亮丽的一道风景线，尤其是细软如绵的沙滩，随着一天太阳光照的不同变化，沙滩会在海浪的洗礼中演绎出不同颜色不同形状的图形。而在这些美如画般的沙

滩上，人们插满了五颜六色的太阳伞。在海明威的笔下，锡切斯沙滩上的那一朵朵花伞“就如同人们的内心在怒放”，而毕加索则用一幅画作《海岸线》，来讴歌锡切斯的美丽的夏日。

我造访锡切斯时已是秋日，葡萄成熟了，海边的狂欢却已结束了……但秋日的锡切斯依旧给了我太多的惊喜。我在黄昏落日里拍了几百张沙滩之影，每一张都有不同的景致和影调，每一张画面都充满着梦幻。当地居民说，这样美丽的沙滩只有在秋天才能目睹才能感受。

锡切斯之夜。

我想起海明威，也是秋天的落日里，他站在海水里大声朗读他的《太阳照常升起》，而夕阳正把海滩映得通红……

很多年后，海明威回想起了他在锡切斯的这个下午，他深情地说：“那

是一个让我愿意融化进去的美丽的午后，再也不会有这样美妙的时刻了，夕阳、海滩以及波涛声，我却在祈祷太阳……”

休闲的海滩。

锡切斯充满艺术的墙。

锡切斯

在巴塞罗那郊外，有个叫锡切斯的小城。小城靠着地中海，在有阳光的日子里，地中海的蔚蓝色透过阳光反射到小城，整个锡切斯便在阳光的沐浴中，变成了一个蔚蓝的小城……19 世纪末，随着巴塞罗那著名的“四只猫”咖啡馆的创始人，西班牙现代派画家圣地亚哥·卢西尼奥尔在锡切斯海边安家，大量的艺术家和音乐家亦纷纷前来驻足。尤其是毕加索，在他的老朋友卢西尼奥尔家小住期间创作了大量的作品，在西班牙，锡切斯是拥有毕加索最多作品的城市。海明威亦曾造访锡切斯，并在大海边朗诵他的名著《太阳照常升起》。渐渐的，锡切斯小城成了著名的艺术之城。

海明威沙滩

锡切斯以海滨沙滩著名，而最有名的便是当年海明威朗诵小说的那个沙滩，这个沙滩被锡切斯的居民称之为海明威沙滩。

Barcelona
巴塞罗那的毕加索

毕加索博物馆里的毕加索像。

秋日的一个午后，我在巴塞罗那老城寻找着毕加索。其实，在巴塞罗那，毕加索又哪里需要寻找呀？大街上随处可见毕加索的雕像，在街头艺人的画笔下，临摹的几乎全是毕加索的画，甚至毕加索的画还被涂鸦在老城的城墙上。

在老城深处的那条名叫蒙卡答的巷子里，“四只猫”咖啡馆在幽暗的巷子和夕阳的余晖中，飘逸着一阵阵浓浓的咖啡香气……一张印着四只猫的旧菜单插在一个褪了色的橡木桶上，大约在遥远的19世纪，这个橡木桶和上面的菜单就已经摆在咖啡馆的门口了，也是如今天一样，倚着门放着，一盏昏暗的灯照着菜单已摇晃了一百年……

1894年，也是秋天。十三岁的毕加索用十一张素描和那张在日后被誉为毕加索的奠基作的油画《斗牛士》

跟“四只猫”咖啡馆的老板维克多作了交换，这十一幅作品挂在咖啡馆里，维克多则免费给毕加索喝一周的咖啡。

时年十三岁的毕加索与维克多的这次交换，最终被记录进了历史。毕加索的十一幅作品在“四只猫”咖啡馆的一周，被认为是毕加索的第一次画展。

寻找毕加索，那是一定要走进“四只猫”咖啡馆去喝一杯的，尽管如今咖啡馆的墙上已没有了毕加索，但几张毕加索日后来此故地重游的照片，让这间看似不起眼的咖啡馆在我的感受中再一次变得那样的肃然。

照片摄于 1918 年春天的一个浪漫下午，毕加索带着他第二任太太，意大利著名舞蹈家欧嘉·科克洛娃回到他离别了十四年的祖国。在巴塞罗那蒙卡答的这条巷子里，他一眼就找到

毕加索咖啡馆。

街头涂鸦。

PIRATE

“四只猫”咖啡馆并且见到了正托着盘子在为客人服务的维克多。他告诉欧嘉，当年就是这位维克多让他的作品从这间咖啡馆开始走向了世界。

于是，一百年前的那个春天的午后，著名的立体主义天才画家毕加索在他举办第一次画展的地方，不仅留下了这些足以会让人们永远津津乐道的照片，更留下了这一段足以载入历史的佳话。

其实，在巴塞罗那比这间咖啡馆更有毕加索元素的，是与咖啡馆处在同一条街上的蒙卡答路十五号，毕加索博物馆。

这是一栋建于15世纪的宅邸，毕加索在这里度过了他的少年时代。1904年毕加索前往法国，宅子被毕加索的好友，西班牙实业家费尔南多购得。当毕加索在巴黎在世界名声渐起时，费尔南

巴塞罗那墙上的艺术。

巴塞罗那街景。

多立刻将宅子改建成了藏画室并开始收藏毕加索的绘画，将其珍藏于宅中。

如今博物馆藏有毕加索早期画作以及部分蓝色和玫瑰色系列作品，共有四百多幅，其中最有名的是一幅题为《侍女》的油画。这幅画的由来颇为有趣，当年毕加索家中有位叫芳拉的侍女与毕加索同龄，青梅竹马的友情让毕加索记住并难忘芳拉的音容，在毕加索的早期素描中，留下了许多芳拉的线条并最终让毕加索创作出了他早期最著名的作品《侍女》。

有趣的是虽然当年的芳拉已不再，但是当年的“侍女”却又回到了蒙卡答路十五号的这栋宅子里，不仅回来而且成了毕加索博物馆里最夺目耀眼的明星，油画《侍女》被认为毕加索留在西班牙境内最著名的一幅作品。

当然，除了毕加索博物馆，几百

幅毕加索早期的绘画，勾勒出了这位伟大艺术家的成长道路。令我惊奇的是，超现实主义加抽象主义的毕加索，早年的作品竟然如此的写实，写实得如同是一张张照片。

于是，走进蒙卡答十五号，迎面而来的那幅《侍女》，分明就是芳拉，正在招呼着这个世界……

巴塞罗那雨中即景。

巴塞罗那的艺术幻影。

巴塞罗那的艺术幻影。

市井的巴塞罗那。

毕加索

西班牙画家、雕塑家。法国共产党党员。是现代艺术的创始人，西方现代派绘画的主要代表。他于1907年创作的《阿维农少女》是第一张被认为有立体主义倾向的作品，是一幅具有里程碑意义的著名杰作。

Barcelona
巴塞罗那的“高迪之旅”

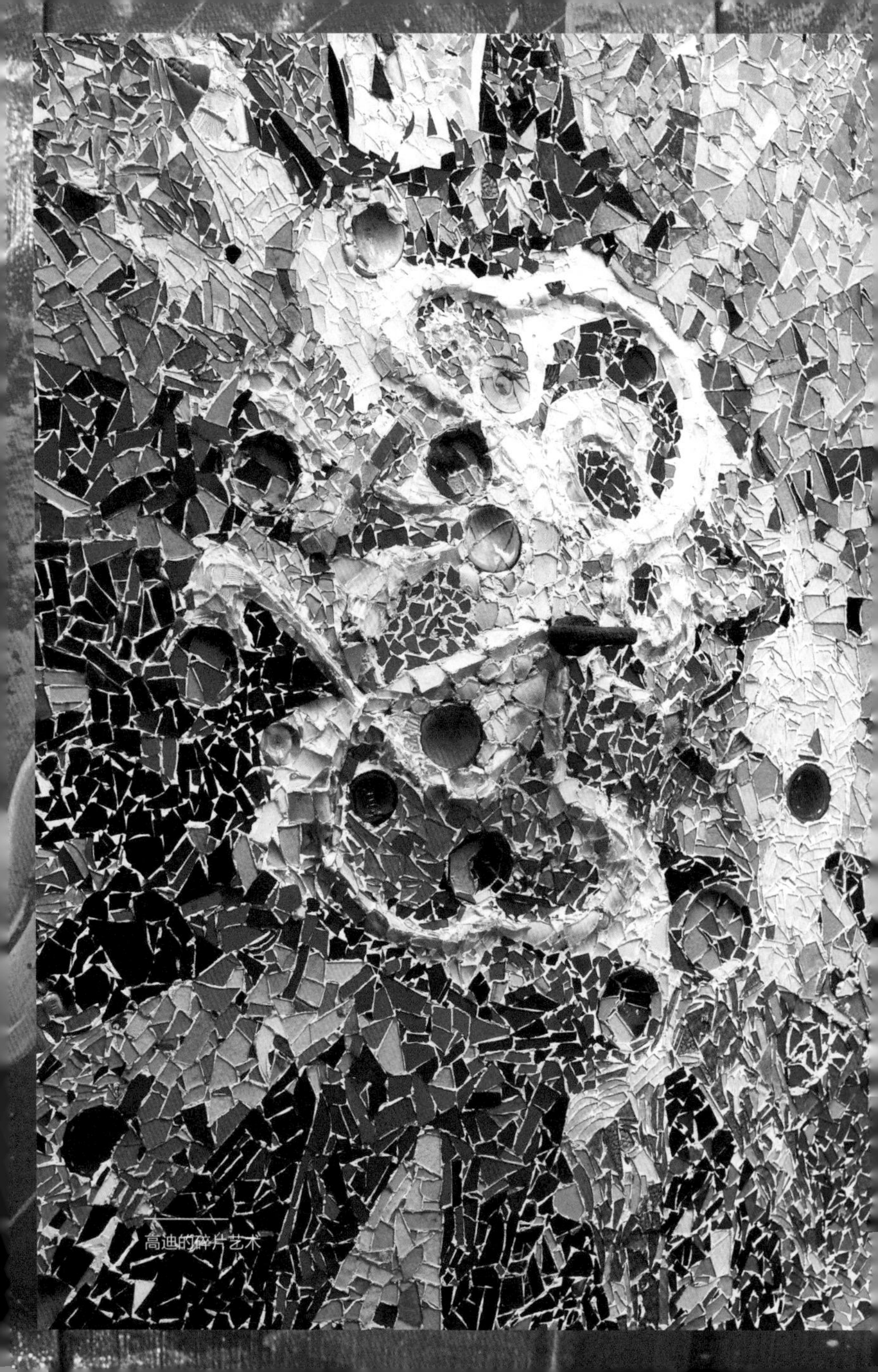

高迪的碎片艺术

安东尼·高迪几乎跟毕加索一样，是西班牙在这个世界上派发的最多的名片。毕加索告诉世界艺术就是艺术，而高迪则告诉人们，建筑就是幻想……高迪用他的幻想让巴塞罗那成为了这个世界上最独一无二的现实交织于幻想甚至魔幻的城市。

高迪的全名为安东尼·高迪·克尔内特，出生于1852年的夏天。后来高迪曾经说过，他出生的那年夏天，天气出奇的炎热，而这种炎热给了他与生俱来的一颗火热的心脏，最终让他对建筑的设计产生了狂热的幻想……而这种狂热的幻想成就了高迪“加泰隆现代主义建筑家”和西班牙“新艺术运动代表性人物”的美誉。今天，我们在巴塞罗那看到的几乎所有最具盛名最为独特的建筑，都出自高迪这位被称为西班牙乃至世界建筑史上最前卫最疯狂的建筑艺术家之手。

高迪的出生并不显赫甚至有点卑微，他们家族世代是做锅炉的铁匠，但正因为如此，高迪从小就具有了良好的空间解构能力和强烈的雕塑感觉。高迪在设计神圣家族教堂的图纸时就说过，当时他满脑子都是锅的弯曲，直线属于人类，而曲线属于上帝……仔细看高迪的建筑作品，几乎都与自然相融，大都是用充满生命张力的曲线和有机形态的物质来完成一栋建筑的设计。

高迪的父亲虽然是个锅匠，但他却并不希望他的这个排行第五的儿子继续锅匠的生涯，于是在父亲的鼓励下，他考取了巴塞罗那大学的建筑专业，从此这个世界诞生了一位伟大的建筑奇才，他将用他的幻想和超现实主义的思维，给这个世界留下一批足以让一代又一代人永远会津津乐道的伟大作品。

高迪的建筑艺术。

UNIVERSITAT
BANC

而这些伟大作品中最具代表性最享有世界声誉的，那一定就是著名的圣家族教堂。这座出自于高迪之手的杰作，在高迪去世近百年后依旧在建设中。百年中无数人前来朝拜这块世界上最独一无二最伟大的神圣的“建筑工地”，更有无数的艺术家和建筑师怀揣艺术和建筑的梦想夜以继日地投身其中。而最终赋予圣家族教堂灵魂的，那必是高迪无疑。

巴塞罗那街头。

高迪的画。

高迪曾说圣家族教堂将是他一生的归宿，于是高迪便将他的后半生差不多四十三年的时间都贡献给了圣家族教堂。1925 年高迪干脆将生活起居全部搬进了圣家族教堂工地。

1926 年 6 月的一个午后，又是一个炎热的盛夏，高迪从圣家族教堂去另一个教堂做礼拜，路上被一辆电车撞倒。当时高迪衣衫破旧，路人以为他是个流浪汉，三天后高迪不治身亡，人们才发现这个“流浪汉”竟然是伟大的高迪。巴塞罗那为高迪举行了隆重的葬礼，成千上万的人为高迪送葬，最后高迪被安葬在他倾注一生心血和精神的圣家族教堂的地下。

有人把圣家族教堂比作是高迪的交响乐，而把高迪另一个伟大作品巴特洛公寓比喻成异想天开的华尔兹。巴特洛公寓极度精致，站在格拉西亚大街上抬头仰望，蓝色、紫红色和绿色的瓷砖如彩钻镶嵌在公寓的阳台和窗框上，雄性与柔美相结合，艺术的灵感呼之欲出。有人曾经说，如果要了解真正的品质，那就去看看巴特洛公寓。这是真正的建筑艺术的品质，不失最本原的热情和冲动，却有了最现代的技艺和抽象能力。

人们愿意用高迪的另一个建筑作

著名的高迪公园。

尚未完工的圣家族教堂建筑。

品米拉公寓来与巴特洛公寓相比较，这是同样出自高迪之手却是完全不同风格的两件作品。巴特洛公寓热情似火，而米拉公寓则沉着冷静但又不失生动。从米拉公寓能感觉到高迪创作手段中严谨的雕塑感和一气呵成的那种流动性……

高迪之旅千万不能忽略了盖尔公园，它是高迪一生中最浪漫的设计。

盖尔公园始建于 1900 年，当时西班牙著名的首富欧塞比·盖尔伯爵买下了巴塞罗那近郊的一处山坡地产，想为富人们造一个花园城市，而这个任务便落在了盖尔伯爵的朋友高迪身上。然而就在高迪和助手们全力以赴工作时，1914 年盖尔伯爵放弃了这个项目。但在这之前，高迪已经设计并创作出了至少几十公里的道路走廊和阶梯以及几座童话故事糖果屋风格的塔屋……

一个废弃了的工程项目，却因为高迪而变成了全世界闻名的景点。尤其是山顶上高迪用马赛克碎片组成的弯曲的长椅，充分显示出高迪对色彩的敏感、冲动和激情。色彩斑斓的马赛克长椅在秋日的阳光下，不经意地弥漫着高迪特立独行又柔情似水的风格，而那一片片碎的颜色，是高迪为人们拼出的一个满是幻想的世界，它让我想起印象主义……

巴塞罗那的现代艺术。

巴塞罗那古老的马车。

其实，高迪本人就是一位印象主义的建筑师，他的几乎所有设计都留给了人们无尽的想象和对这个世界的最原始的期盼和希望，即使是圣家族教堂，高迪虽然已辞世近百年，但这件工程浩大尚未完工的作品却依旧秉持着高迪的思想，成为了巴塞罗那永远的一幅印象派作品。

osteopa
del mar
G.P.S
OPTICA
MEDICINA
BRICOLATGE
CUENDE
www.valentincuende.com
93 268 02 06
ART-REGALS
ELECTRONICA
METEOROLOGIA
VIDEO VIGILANCIA
TELECOMUNICACIONS

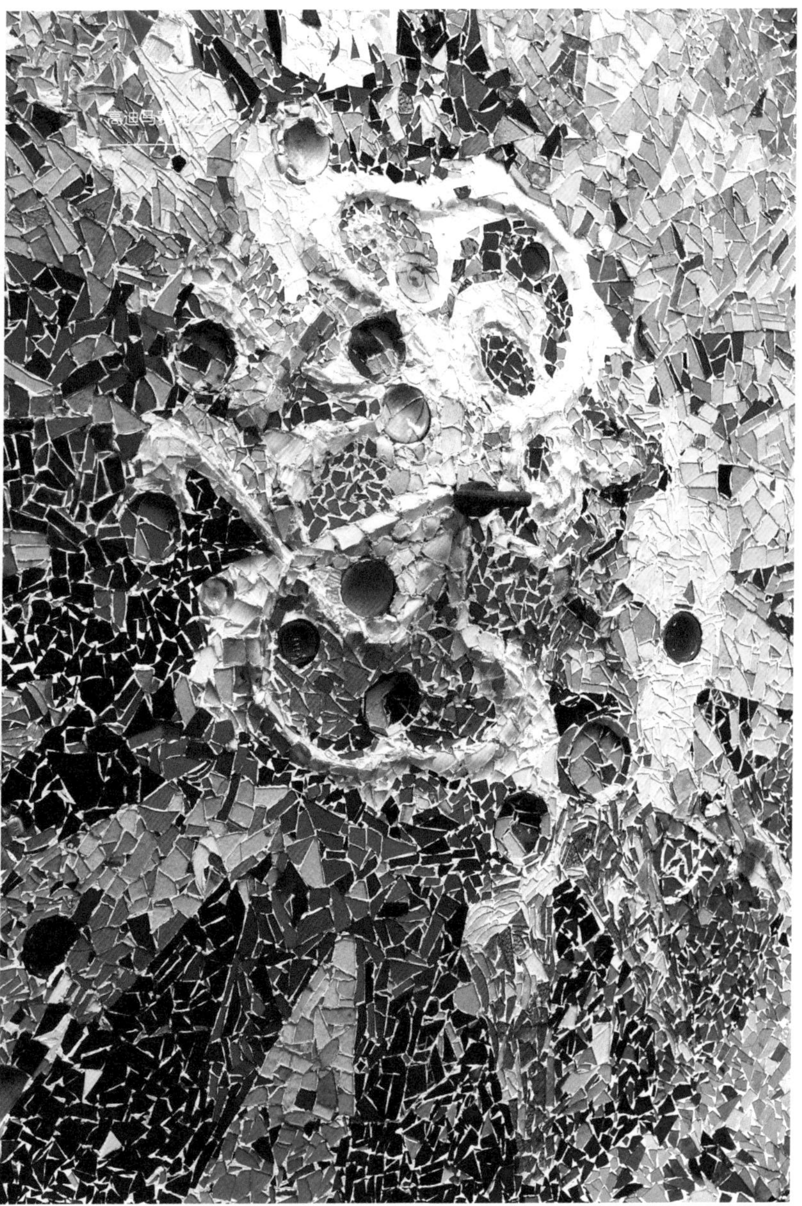

高迪马

安东尼·高迪

几乎跟毕加索一样，是西班牙在这个世界上派发的最多的名片。毕加索告诉世界艺术就是艺术，而高迪则告诉人们，建筑就是幻想……高迪用他的幻想让巴塞罗那成为了这个世界上最独一无二的现实交织于幻想甚至魔幻的城市。

圣家族教堂

这座出自于高迪之手的杰作，在高迪去世近百年后依旧在建设中。百年中无数人前来朝拜这块世界上最独一无二最伟大的神圣的“建筑工地”，更有无数的艺术家和建筑师怀揣艺术和建筑的梦想夜以继日的投身其中。而最终赋予圣家族教堂灵魂的，那必是高迪无疑。

盖尔公园

始建于 1900 年，当时西班牙著名的首富买下了巴塞罗那近郊的一处山坡地产，想为富人们造一个花园城市，而这个任务便落在高迪身上。1914 年盖尔伯爵放弃了这个项目。但在这之前，高迪已经设计并创作出了至少几十公里的道路走廊和阶梯以及几座童话故事糖果屋风格的塔屋……

图书在版编目（CIP）数据

西班牙酒色:从里奥哈到歌萄源/刘沙,岚著.-上海：上海文艺出版社.2015.9
ISBN 978-7-5321-5845-4
Ⅰ.①西… Ⅱ.①刘…②岚… Ⅲ.①葡萄酒-文化-西班牙
Ⅳ.①TS971
中国版本图书馆CIP数据核字（2015）第203638号

责任编辑：秦　静
美术编辑：钱　祯

西班牙酒色
——从里奥哈到歌萄源
刘沙　岚 著
上海世纪出版集团
上海文艺出版社 出版
200020 上海绍兴路74号
上海世纪出版股份有限公司发行中心发行
200001 上海福建中路193号 www.ewen.co
上海文艺大一印刷有限公司印刷
开本787×1092　1/32　印张9.375　插页2 图、文300面
2015年9月第1版　2015年9月第1次印刷
ISBN 978-7-5321-5845-4/G・152　　定价：72.00元

告读者　如发现本书有质量问题请与印刷厂质量科联系
T：021-57780459